强变形微纳米化工艺

骆俊廷 贾建波 徐　岩 编著

燕山大学出版社
·秦皇岛·

图书在版编目（CIP）数据

强变形微纳米化工艺 / 骆俊廷，贾建波，徐岩编著. —2 版. —秦皇岛：燕山大学出版社，2022.1（2026.1 重印）

ISBN 978-7-5761-0289-5

I. ①强… II. ①骆… ②贾… ③徐… III. ①变形－纳米技术 IV. ①TB383

中国版本图书馆 CIP 数据核字（2022）第 000884 号

强变形微纳米化工艺

骆俊廷 贾建波 徐 岩 编著

出 版 人：陈 玉

责任编辑：朱红波

封面设计：赵小雨

出版发行：燕山大学出版社 YANSHAN UNIVERSITY PRESS

地　　址：河北省秦皇岛市河北大街西段 438 号

邮政编码：066004

电　　话：0335-8387555

印　　刷：廊坊市印艺阁数字科技有限公司

经　　销：全国新华书店

开　　本：700mm×1000mm　1/16　　**印　　张：**9.75　　**字　　数：**180 千字

版　　次：2022 年 1 月第 2 版　　**印　　次：**2026 年 1 月第 2 次印刷

书　　号：ISBN 978-7-5761-0289-5

定　　价：38.00 元

前　言

随着航空航天工业、现代国防工业、化学和动力工业的发展，具有特殊物理-化学性能的结构材料应用越来越多。除了钢铁之外，这些具有特殊性能的结构材料主要包括：工程陶瓷、金属间化合物、高温合金、钛合金、镁合金以及铝合金等，这些材料在组织、力学性能和加工制造等方面有许多特点，其中塑性差、变形困难是其重要特点之一。塑性加工工作者称这些在通常的变形条件下发生一定塑性变形较为困难的材料为“难变形材料”。微纳米技术是21世纪初得到快速发展的一门新兴技术，由于其具有明显的军事潜力，因此极大地刺激着人们寻求微纳米技术在军事上的应用。微纳米技术与信息技术、生物技术是21世纪的三大关键技术。微纳米技术是工业化国家发展的关键技术，它在未来数年内将成为众多技术的重要革新动力。强变形即强烈塑性变形，也称剧烈塑性变形(Severe Plastic Deformation, SPD)，是一种新兴的塑性变形方法，可以在变形过程中引入大的应变量(传统的塑性变形很难实现应变量大于1的真应变)，从而有效细化(亚微米或纳米量级)材料，且获得完整大尺寸块体试样；通过在变形过程中微观组织的控制，可以同时获得具有高强度与大塑性的块体微纳米材料。难变形材料的成形加工往往与微纳米化和SPD强变形技术相结合，使材料的晶粒尺寸充分细化，从而达到提高其塑性变形能力和其他力学性能的目的。

本书针对目前难变形材料塑性变形研究和发展的现状及高校研究生微纳米和强变形等相关课程教学科研的基本情况，重点介绍如下内容：微纳米与塑性加工的关系；难变形材料强变形微纳米化物理基础；锻轧复合、等通道挤压、高压扭转、累积叠轧焊接、循环往复挤压及多向锻造等难变形材料常用剧烈塑性变形工艺；粉末冶金锻造成形、超塑性成形、等温锻造成形和强力旋压成形等难变形材料的常用成形工艺。

本书由燕山大学骆俊廷、贾建波、徐岩编著，本书的第3章锻轧复合工艺、第5章高压扭转工艺的绝大部分内容，以及第1章强变形微纳米化概述、第7

章难变形材料常用成形工艺的部分相关内容为编者多年来研究成果的凝练，其余章节相关内容参考和引用了相关科研人员的研究成果，编者在此一并表示感谢。

本书的部分内容得到了国家自然科学基金(批准号:51775479)和河北省自然科学基金(批准号:E2012203086 和 E2017203046)的资助，本书的出版由燕山大学研究生课程建设经费资助。在本书的编写过程中也得到了燕山大学亚稳材料制备技术与科学国家重点实验室和先进锻压成形技术与科学教育部重点实验室的大力支持，在此表示感谢。

难变形材料强变形微纳米化工艺是一个新兴的科学研究方向，正在不断的发展和完善过程中。由于个人能力所限，一些相关内容和作者的研究成果可能会存在问题或错误，望读者批评指正。

编　者

2018 年 12 月

目录

第1章　强变形微纳米化概述 …… 1

1.1　微纳米技术与塑性加工的关系 …… 1

1.2　难变形材料及其塑性 …… 2

1.3　超塑性的概念及特点 …… 3

1.4　难变形材料晶粒细化的常用手段 …… 4

1.5　SPD对金属材料力学性能的影响 …… 6

1.5.1　对强度和延展性的影响 …… 6

1.5.2　对超塑性的影响 …… 7

1.5.3　SPD应用前景与展望 …… 8

第2章　材料强变形微纳米化物理基础 …… 9

2.1　加工硬化及其位错模型 …… 9

2.1.1　加工硬化与位错密度 …… 9

2.1.2　位错密度分析方法 …… 10

2.2　层错能 …… 12

2.2.1　层错及层错能 …… 12

2.2.2　层错能的计算方法 …… 13

2.2.3　层错能的实验研究方法 …… 15

2.3　回复与再结晶 …… 16

2.4　Hall-Petch关系及其适用条件 …… 17

2.4.1　Hall-Petch关系 …… 17

2.4.2　Hall-Petch关系的理论推导 …… 17

2.4.3　Hall-Petch关系的适用范围 …… 21

2.4.4　Hall-Petch关系适用的晶粒下临界尺寸 …… 22

2.4.5 对上临界尺寸 d_{max} 和下临界尺寸 d_{min} 的分析 …… 23
2.5 经典蠕变模型 …… 24

第3章 锻轧复合工艺 …… 25

3.1 工艺原理 …… 25
3.2 高温合金锻轧复合工艺 …… 25
3.2.1 实验材料与方案 …… 25
3.2.2 锻造工艺 …… 27
3.2.3 冷轧-热处理工艺 …… 28
3.2.4 性能测试及晶粒细化机制 …… 32
3.3 细晶合金超塑性 …… 33
3.3.1 基本组织条件 …… 33
3.3.2 细晶合金组织条件 …… 34
3.4 常温拉伸与超塑性拉伸关联性 …… 37
3.4.1 常温拉伸性能 …… 37
3.4.2 高温超塑性拉伸性能 …… 38

第4章 等通道转角挤压工艺 …… 40

4.1 工艺概念 …… 40
4.2 变形特点与工艺路线 …… 41
4.2.1 变形特点 …… 41
4.2.2 工艺路线 …… 41
4.3 影响因素 …… 44
4.3.1 压力 …… 44
4.3.2 挤压温度 …… 44
4.3.3 挤压速度 …… 45
4.3.4 挤压道次 …… 45
4.3.5 摩擦因数 …… 45
4.3.6 试样的大小 …… 46
4.3.7 挤压过程中的残余试样 …… 46
4.4 总应变的计算 …… 46
4.5 ECAP法目前存在的问题 …… 49
4.6 ECAP材料的组织与性能 …… 50
4.6.1 ECAP对材料组织的影响 …… 50

4.6.2　ECAP 对材料性能的影响 …… 50
4.7　典型材料的等通道挤压 …… 51
4.8　等通道挤压工艺的有限元模拟 …… 55
4.8.1　有限元模型 …… 55
4.8.2　模拟结果分析 …… 57
4.8.3　三种挤压路线的综合比较 …… 59

第5章　高压扭转工艺 …… 62

5.1　概念及分类 …… 62
5.2　HPT 工艺的研究现状 …… 63
5.3　HPT 应变的定义及计算 …… 64
5.4　HPT 工艺的影响因素 …… 65
5.4.1　摩擦因数 …… 65
5.4.2　高径比 …… 65
5.4.3　压力 …… 65
5.4.4　下模扭转角度 …… 66
5.5　高压扭转对材料组织性能的影响 …… 66
5.6　GH4169 高温合金的高压扭转工艺 …… 66
5.6.1　高压扭转工艺流程 …… 66
5.6.2　实验设备 …… 67
5.6.3　VF-1600 高真空高温热处理炉 …… 68
5.7　实验结果分析 …… 69
5.7.1　成形零件的尺寸变化 …… 69
5.7.2　金相组织分析 …… 70
5.7.3　试样硬度分析 …… 76
5.7.4　GH4169 高温金相研究 …… 77
5.8　晶粒细化机制分析 …… 80
5.9　高压扭转工艺有限元模拟 …… 84
5.9.1　几何模型的建立 …… 84
5.9.2　高压扭转工艺 …… 84
5.9.3　高压扭转变形过程分析 …… 85
5.9.4　扭转角度对 HPT 工艺的影响 …… 93
5.9.5　压力对 HPT 工艺的影响 …… 94
5.10　高径比对高压扭转工艺的影响 …… 95

5.10.1 工艺参数 …… 95
5.10.2 高径比对高压扭转应力应变分布的影响 …… 95

第6章 其他剧烈塑性变形工艺 …… 103

6.1 累积叠轧焊合工艺 …… 103
6.1.1 工艺原理及过程 …… 103
6.1.2 应变的计算 …… 104
6.1.3 工艺影响因素 …… 104
6.1.4 制备材料的特性 …… 105
6.2 限制模压变形 …… 108
6.2.1 工艺原理 …… 108
6.2.2 工艺分类 …… 108
6.2.3 工艺过程 …… 109
6.2.4 影响因素 …… 110
6.2.5 对组织性能的影响 …… 111
6.3 循环往复挤压工艺 …… 112
6.3.1 工艺原理及应变计算 …… 112
6.3.2 模具结构 …… 113
6.3.3 工艺特点 …… 114
6.3.4 晶粒细化机制 …… 114
6.4 多向锻造 …… 116
6.4.1 工艺原理 …… 116
6.4.2 工艺特点 …… 117
6.4.3 影响因素 …… 117
6.4.4 对组织性能的影响 …… 118

第7章 难变形材料常用成形工艺 …… 121

7.1 粉末冶金成型及粉末锻造 …… 121
7.1.1 粉末冶金 …… 121
7.1.2 粉末冶金锻造 …… 122
7.1.3 纳米 Si_2N_2O-Si_3N_4 陶瓷齿轮的粉末冶金锻造 …… 126
7.2 超塑性成形 …… 128
7.2.1 超塑性成形特点及工艺 …… 128
7.2.2 超塑性成形实例 …… 129

7.3 等温成形 …… 132

7.3.1 等温成形的概念及特点 …… 132

7.3.2 等温锻造模具 …… 134

7.3.3 等温锻造实例 …… 135

7.4 差温成形 …… 137

7.5 强力旋压成形 …… 139

7.5.1 强力旋压的概念及特点 …… 139

7.5.2 内旋压 …… 141

7.5.3 曲母线薄壁筒形件内旋压 …… 142

参考文献 …… 144

第1章　强变形微纳米化概述

1.1　微纳米技术与塑性加工的关系

微纳米技术是一门新兴技术。由于其具有明显的军事潜力，因此极大地刺激着人们寻求微纳米技术在军事上的应用。有人把微纳米技术与信息技术、生物技术看作21世纪的三大关键技术。微纳米技术是工业化国家发展的关键技术，它已经成为众多技术的重要革新动力。

微纳米技术是指与微米级、亚微米级到纳米级尺寸相关的一系列技术。目前，在微纳米概念方面已基本形成的共识是：纳米的尺寸范围小于100 nm；亚微米的尺寸范围在100 nm～1.0 μm之间；微米的尺寸范围在1.0～5.0 μm之间。

未来几乎所有现代技术领域的革新和进步都离不开微纳米技术，这些技术包括信息和通信技术、汽车技术、医药技术、生物技术、分析和诊断技术、化学技术、制造和生产技术、环保技术等。图1-1为用碳纳米管建成的地月载人电梯想象图。

图1-1　用碳纳米管建成的地月载人电梯想象图

微纳米技术与塑性加工有两方面的联系：其一，微纳米材料的制备与塑性加工一体化，这一方面主要应用对象是材料的强变形微纳米化及塑性加工技术；其二，微纳米尺度零件的塑性成形，它既和零件尺度有关，也和所用材料有关，其主要应用对象是微电子技术及其与机电技术相结合产生的微机电系统(MEMS，Micro-Electro-Mechanical Systems)技术，图 1-2 即为典型的微机电系统及部件。本书主要讲述第一方面的内容：难变形材料强变形微纳米化及其塑性成形相关技术。

难变形材料强变形微纳米化及塑性成形相关技术是一门介于材料工程与科学之间的工程技术科学，其既具有很强的工程应用背景，同时也具有很高的科学研究价值，是材料加工工程领域发展最为迅速、最前沿的研究领域之一。

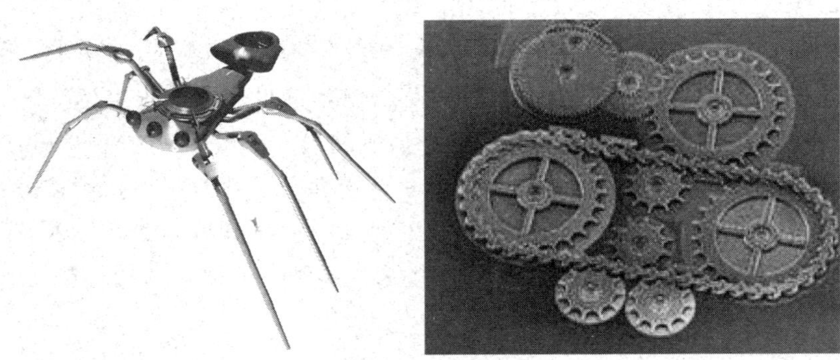

图 1-2　典型的微机电系统及部件

1.2　难变形材料及其塑性

随着航空航天工业、现代国防工业、化学和动力工业的发展，具有特殊物理-化学性能的结构材料应用越来越多。除了钢铁之外，这些具有特殊性能的结构材料主要包括：工程陶瓷、金属间化合物、高温合金、钛合金、镁合金以及铝合金等，这些材料在组织、力学性能和加工制造等方面有许多特点，其中塑性差、变形困难是其重要特点之一。塑性加工工作者通常称这些采用传统变形工艺和变形条件难以顺利进行热加工的材料为“难变形材料”。所谓传统的变形条件是指材料的晶粒尺寸较大、材料变形前其组织未经过特殊工艺处理、材料最普通的变形温度和屈服应力范围等变形条件。

难变形材料的塑性具有如下特点：(1)塑性低。难变形材料如果为金属材料，那么其合金化程度高，变形过程中容易出现开裂；如果为非金属材料，则是一些通常条件下基本不具有塑性的陶瓷材料。(2)变形抗力高。一般需要较大的能量或载荷才能变形。(3)成形加工温度范围窄。一般需要在特定的小温度

区间才能进行塑性加工。(4)对应变速率敏感。需要选择速度平稳或速度较低的设备进行成形。(5)对应力状态敏感。一般需要在压应力状态下进行加工。(6)容易氧化或分解。一般需要在气体保护条件下进行成形加工。(7)不能采用热处理工艺调节成形零件的晶粒度,只能依靠成形工艺来保证最终零件的晶粒尺寸。(8)热导率低。变形时,一般需要慢的加热速度和长的保温时间。

1.3　超塑性的概念及特点

基于难变形材料的塑性特点,经特殊工艺处理后,在特定的变形条件下,其经常具有超塑性。所谓超塑性是指在一定的温度范围内和低的应变速率条件下,在单向拉伸应力作用下能获得比通常变形条件下大得多的延伸率的能力。

GB/T 8541—1997 把超塑性定义为:金属在特定的组织、温度条件和变形速度下变形时,塑性比常态提高几倍到几百倍(如有的延伸率 $\delta>1\,000\%$),而变形抗力降低到常态的几分之一至几十分之一的异乎寻常的性质。超塑性这一定义是建立在当时超塑性技术发展状态基础之上的。到目前,各种材料的超塑性相继被发现,已经远远超出了金属材料的限定。

在 1991 年日本大阪先进材料超塑性国际会议上提出如下超塑性定义:超塑性指多晶材料以各向同性方式表现出很高的拉断伸长率的能力。

超塑性的主要变形特点:拉伸变形时无缩径、呈稳定的流动状态;延伸率大;较小的变形抗力;较大的应变速率敏感性指数。

超塑性有细晶超塑性和相变超塑性等,难变形合金的流动应力对应变速率的变化非常敏感,一般都可以通过工艺处理使其具有超塑性,难变形材料的超塑性一般属于细晶超塑性,实现超塑性的主要条件之一是材料具有极为细小的等轴晶粒(直径 5 μm 以下)。

Backofen 等首先提出应变速率敏感性指数(m 值的概念)和著名的超塑性本构模型:

$$\sigma = k\dot{\varepsilon}^{m} \tag{1-1}$$

其中,σ 为流动应力;k 为材料系数;$\dot{\varepsilon}$ 为应变速率;m 为应变速率敏感性指数。

m 值是超塑性变形的重要特征参数,它表征材料抑制径缩扩展的能力,所以一般称其为流动应力对应变速率的敏感性指数。当 m 值大于 1 时,流动应力 σ 随应变速率 $\dot{\varepsilon}$ 的提高而迅速增大。图 1-3 为 ECAP 挤压 5083Al-0.2Sc 超塑性拉伸实验结果,最大延伸率达到 741%。

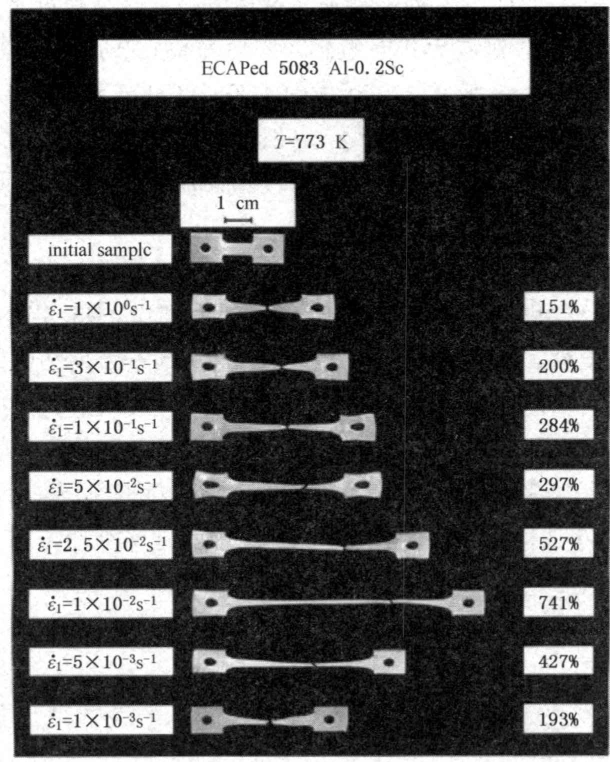

图 1-3　ECAP 挤压 5083Al-0. 2Sc 超塑性

1.4　难变形材料晶粒细化的常用手段

图 1-4 为晶粒细化方法示意图。化学法是目前制备微纳米材料最有效的方法，而且制备的材料晶粒尺寸最为细小，图 1-5 为采用电解沉积技术制备的纳米铜的室温超塑性，轧制应变达到 5 100%。粉末冶金技术也是制备微纳米材料的有效方法之一，图 1-6 为采用粉末冶金技术制备的纳米陶瓷材料，具有超强的超塑性变形能力。

除此之外，金属材料在较低温下剧烈变形也可以使其晶粒得到明显细化，该方法称为强烈塑性变形方法或者剧烈塑性变形方法(Severe Plastic Deform，SPD)。SPD 方法是在低温大应力条件下变形，实现材料的微纳米化，材料微观结构特征是大角晶界的超细晶结构。采用 SPD 方法制备块体纳米材料还需要考虑以下两点：整个样品内部组织结构要求均匀；样品在变形过程中不产生机械损伤或裂纹。目前制备块体微纳米材料的 SPD 方法主要有：等通道转角挤压法(ECAP，Equal Channel Angular Pressing)、高压扭转法(HPT，High Pressure and Torsion)、累积叠轧焊合法(ARB，Accumulative Roll Bonding)、反复折皱-压直法(RCS,Repetitive Corrugation and Straightening)、多向锻造法(MF,Multiple Forging)、锻轧复合法(CFR,Combined Forging and Rolling)以及由 ECAP 衍生出来的旋转模等径侧向挤压法(RD-ECAP,Rotary-die ECAP)、多级连续等通道挤压法(MP-ECAP,Multi-pass ECAP)、板材连续剪应变变形法(C2S2,Continuous Confined Strip Shearing)等。

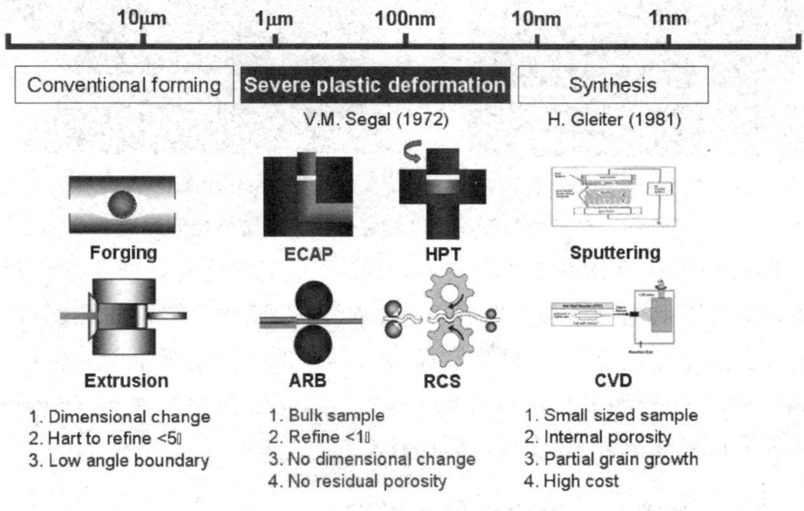

图 1-4　晶粒细化方法示意图

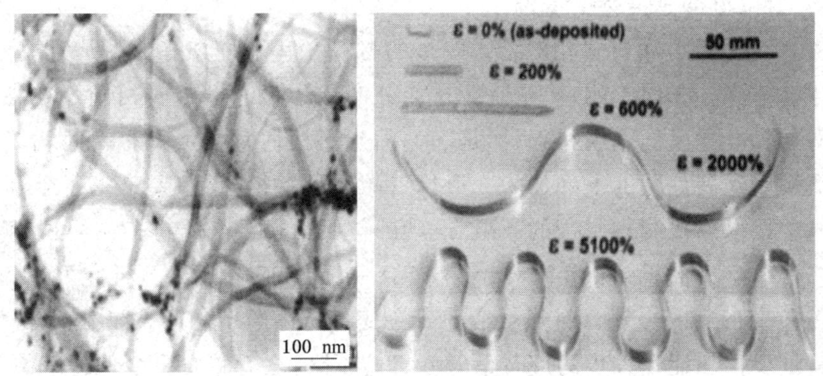

图 1-5　纳米铜的室温超塑性

强烈塑性变形工艺制备微纳米材料有着广阔的应用前景,目前在工业领域有三方面的应用:(1)材料通过 SPD 使组织明显细化,位错密度显著增加,从而具有高应变速率或低温超塑性;(2)经过 SPD 加工后材料的强度是传统形变热处理材料的两倍多;(3)提高塑性较差合金的机械性能和成形性能,如密排六方结构的镁及镁合金,室温下塑性有限,经过 SPD 后晶粒细化,塑性和强度显著提高。

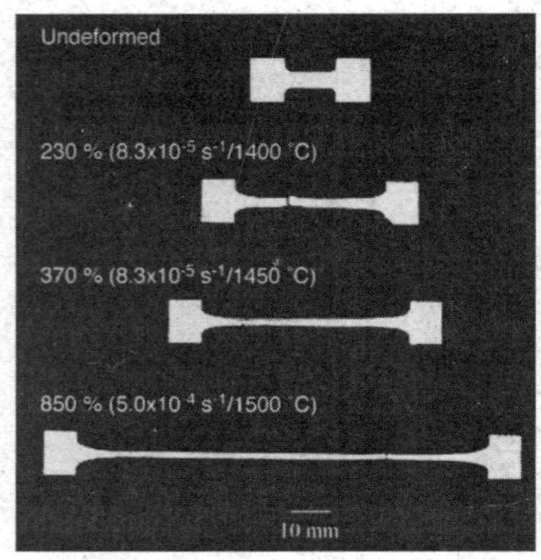

(a) 氧化铝-氧化镁复合陶瓷

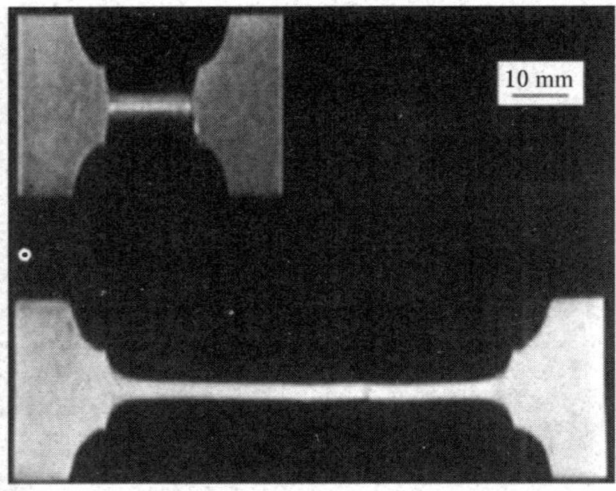

(b) SIALON陶瓷

图 1-6 粉末冶金制备纳米陶瓷材料的超塑性拉伸变形

目前SPD的研究还处于初期发展阶段,要想实现这种新技术的广泛应用,还需要解决如下问题:(1)加工工艺、参数及材料的组织、结构和性能对纳米化的影响;(2)纳米化的微观机制及形成动力学;(3)纳米结构的组织相变问题;(4)纳米结构与性能的关系;(5)纳米结构的热稳定性与化学性能;(6)强烈塑性变形过程中材料变形行为、变形机制的计算机模拟等。

1.5 SPD对金属材料力学性能的影响

1.5.1 对强度和延展性的影响

SPD变形后金属材料相对于未变形的材料在室温下具有更高的强度,但是延展性会下降。实验表明,无论是通过成分变化还是通过金属相变等方法都可以获得具有高强度的金属材料,但是它们的延展性通常会下降。因此就把金属强度增大而延展性能的下降作为变形材料的一种特征,这主要是由于受到金属材料的塑性变形机制和位错的产生、运动的作用影响。金属材料在经过SPD加工工艺变形后,它们的强度和延展性能有一样的变化趋势。研究发现,经过SPD工艺变形后的金属材料强度会随着应变量的逐渐增加而逐渐达到最大值;但是其延展性却能在较小的应变量时就迅速下降,之后就几乎会保持平衡。

有时,经过SPD加工工艺后的变形材料的强度和延展性能均得到提高,目前对其原因有三种解释。第一种解释认为:随着应变量的逐渐增加,非平衡晶界和大角度晶界的含量会不断地增加,而这些具有大角度晶界的超细等轴晶粒将会严重阻碍位错的运动,因此就提高了金属材料的强度;当非平衡晶界不断出现时,金属滑移就会变得比较容易,晶界滑移和晶格转动的增加直接导致后来的变形机制发生重大改变,普遍认为粗大晶粒的主要变形机制是位错蠕变,超细晶粒的主要变形机制是晶界滑移,不过相同点是晶界滑移及晶格转动均可提高材料的延展性能。第二种解释认为:因晶粒尺寸是纳米晶超细晶的双峰式分布状态,从而使材料的延伸性能得到提高。第三种解释认为:是基于纳米结构的金属体内形成的第二相颗粒提高了材料的强度和延展性能,这些第二相颗粒的作用是可对应变过程中的剪切带传播进行修改,提高金属合金的延展性能。除了上述三种解释外,现在还有一些其他关于同时提高强度和塑性的理论研究。有的人发现,如果在纯铜的加工过程中能获得纳米孪晶结构就可以提高这种材料的强度,同时也能保持其良好的塑性。

1.5.2　对超塑性的影响

经过 SPD 加工方法加工的金属材料具有超塑性变形特性是由于金属材料经 SPD 变形后可获得超细晶粒组织。在超塑性变形过程中,材料中加入某些合金元素会抑制晶粒的长大,从而使金属材料具有晶粒尺寸的热稳定性,金属的热稳定性对材料的超塑性具有较大的影响。一些研究者对没有加入稳定晶粒尺寸的合金元素的材料进行了超塑性变形研究,认为 SPD 工艺使晶粒变得细小是保证金属材料获得超塑性的主要原因。另一方面则是金属合金经 SPD 变形后可得到含量更高的大角度晶界。晶界是晶界滑移和超塑流变的首要条件,大角度晶界含量的增加有利于更多的晶界参与晶界滑移和超塑流变。现在,关于超细晶材料超塑性的研究普遍认为,晶界滑移是主要的变形机制,通过 SPD 方法获得的细小晶粒将有利于材料晶界滑移的继续进行,这也就保证了金属材料能获得更好的超塑性。表 1-1 为 SPD 工艺变形获得超细晶金属材料的超塑性。从表 1-1 可以看出:经 SPD 工艺获得的超细晶材料不仅在适当的条件下可获得优良的超塑性,同时还可实现高应变速率超塑性和/或低温超塑性。

表 1-1　SPD 工艺变形获得超细晶金属材料的超塑性

材料	SPD 工艺	晶粒尺寸/μm	温度/℃	应变速率/s^{-1}	延伸率/%
Al-3%Mg-0.2%Sc	ECAP	~0.2	500	1.0×10^{-2}/ 3.3×10^{-3}	2 100/2 580
Al-7034	ECAP	~0.3	400	1×10^{-2}	1 090
Cu-30%Zn-0.1%Zr	ECAP	~0.1-0.4	400	1×10^{-4}	400
Al-3%Mg-0.2%Sc	HPT	~0.13	300	3.3×10^{-3}	1 600
Ti-6Al-4V	HPT	~0.1-0.2	650	1×10^{-2}/ 1×10^{-4}	305/530
Mg-9%Al	HPT	0.33	200	5.0×10^{-4}	810

续表 1-1

材料	SPD 工艺	晶粒尺寸/ μm	温度/ ℃	应变速率/ s^{-1}	延伸率/ %
7075Al	HPT	～0.1-0.15	250/300	2.1×10^{-2}/ 2.1×10^{-3}	200/320
AZ31	ARB	～2.8	300	1×10^{-2}	316
AZ31	MF	～0.36	150	5.0×10^{-5}	>300
Mg-1.5Mn-0.3Ce	TCP	～2	400	3.0×10^{-3}	604
AZ61	ECAP	～0.6	200	3.3×10^{-4}	1 320
Ti-6Al-4V	ECAP	～0.3	700	5.0×10^{-4}	>700
Ti-48Al-2Nb-2Cr	MF	～0.3	800	8.3×10^{-4}	355
Al-3%Mg-0.2%Sc	ECAP	～0.2	400	3.3×10^{-2}	2 280
ZK60	ECAP	～0.8	200	1.0×10^{-4}	3 050

1.5.3 SPD 应用前景与展望

SPD 加工方法是一种制备超细晶金属材料的可行性方法，现在已经广泛用于金属材料的制备过程中。这种加工方法不但改善了其他超细晶材料制备方法存在的一些缺陷问题，而且还扩展了传统塑性加工技术的应用领域，使得传统材料的性能获得明显的提高与改善。SPD 加工出的金属材料表现出了优良的力学性能和化学性能、良好的超塑性，这在实际应用中受到广泛欢迎，也因此越来越受到人们的重视。目前，通过 SPD 法成形制造的零件可以满足高强度、高韧性、高疲劳性能的要求，从而不仅延长零件的使用寿命，并可节约资源，降低成本，实现可持续发展。在航空航天、交通运输、电子技术、医疗器械、体育器材和军事领域等具有广泛的应用前景。

当前关于微纳米材料的 SPD 制备法可以从以下几个方面开展研究：开展 SPD 细化机理、组织结构演化、应力应变行为、超细晶结构特征等问题的研究；从金属原子、晶体缺陷在微纳米晶变形过程中的运动特征等方面，利用计算机先进的模拟技术，结合微观结构特征和力学性能参数，建立微纳米材料变形的模型和理论来引导实验；SPD 加工过程中非平衡态晶界的形成、变形织构的空间分布以及再结晶行为等也是未来研究的方向；组织结构（包括晶粒、第二相、颗粒和纳米结构等）稳定性的研究；微纳米晶界、微纳米金属晶体结构缺陷对材料力学性能的影响。

第 2 章　材料强变形微纳米化物理基础

2.1　加工硬化及其位错模型

2.1.1　加工硬化与位错密度

金属在再结晶温度以下塑性变形时，随着变形程度的增加，其强度和硬度不断升高，而塑性和韧性降低的现象，称为加工硬化，又称作冷硬化。

加工硬化是由塑性变形时金属内部的组织变化引起的。发生加工硬化现象时，材料的组织结构发生如下变化：(1)各晶粒沿着变形最大的方向伸长，并且排列位相逐渐趋于一致；(2)晶粒内部位错密度增加，晶格严重扭转，产生内应力；(3)滑移面和晶粒之间产生碎晶，如图 2-1 所示。

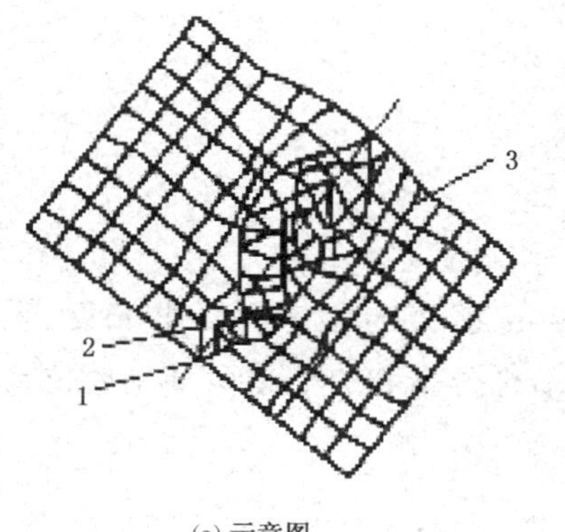

(a) 示意图

0.2 μm

(b) TEM形貌

1—滑移面　2—碎晶　3—畸变的晶格

图 2-1　滑移面附近晶格畸变和碎晶

从微观上观测，金属材料的应变硬化由沿滑移线的位错滑移产生。因此，流动应力的大小取决于金属材料的微观结构尺寸和位错密度，如下式：

$$\tau = \alpha G b \sqrt{\rho} \tag{2-1}$$

其中，G 为材料剪切模量，b 为柏格斯矢量；α 为强化系数，取值范围 0.2～0.4。

如果知道了材料变形的流动应力 τ，则可求出位错密度 ρ。

晶粒尺寸则直接由晶粒的位错密度决定：

$$d = \frac{K}{\sqrt{\rho}} \tag{2-2}$$

其中,K 为材料常数。因此,随着位错密度在变形过程中的逐渐累积,晶粒的尺寸也逐渐变小、细化。

2.1.2 位错密度分析方法

2.1.2.1 TEM 观察

目前广泛应用透射电子显微镜技术直接观察晶体中的位错。晶体中有位错等缺陷存在时,电子束通过位错畸变区可产生较大的衍射,使这部分透射束的强度弱于基体区域的透射束,这样位错线成像时表现为黑色的线条。用透射电子显微镜观察位错的优点是可以直接看到晶体内部的位错线,即使在位错密度较高时,仍能清晰看到位错的分布特征。

位错是晶体中的线缺陷,单位体积晶体中所含位错线的总长度称位错密度。若将位错线视为彼此平行的直线,它们从晶体的一面均延至另一面,则位错密度便等于穿过单位截面积的位错线头数,即:

$$\rho = \frac{n}{A} \tag{2-3}$$

式中 ρ——位错密度(位错线头数/cm^2);

A——晶体的截面积(cm^2);

n——A 面积内位错线头数。

2.1.2.2 XRD 法

晶体材料位错的描述,一般采用 Mosaic 模型,包括水平关联长度、垂直关联长度、扭转角度和倾转角度四个变量,而螺位错和刃位错两种主要位错的密度都可用这四个变量得到。

螺位错密度为:

$$N_{screw} = \frac{a_{tilt}^2}{4.35 \times b_c^2} \tag{2-4}$$

当考虑刃位错在晶体中的随机分布时,其密度为:

$$N_{edge} = \frac{a_{twist}^2}{4.35 \times b_c^2} \tag{2-5}$$

当考虑刃位错只分布在镶嵌结构颗粒的边缘时,密度为:

$$N_{edge} = \frac{a_{twist}^2}{2.1 \times b_c \times L_{//}} \tag{2-6}$$

式中 b_c——位错的泊氏常量;

a_{tilt}——倾斜角;

a_{twist}——倾转角;

$L_{//}$——水平关联长度。

利用 Williamson-Hall(WH)作图法测量这四个参数。

WH 法的线性拟合公式：

$$FWHM_{\omega-2\theta} = \frac{\lambda}{2L_{\perp}\cos\theta} + \frac{1}{\varepsilon_{in}}\tan\theta \tag{2-7}$$

$$FWHM_{\omega} = \frac{\lambda}{2L_{//}\sin\theta} + \alpha_t \varepsilon_{in} \tag{2-8}$$

式中 $FWHM$——位错的泊氏常量；

$L_{//}$、$L_{\perp}$——水平、垂直关联长度；

θ——衍射角；

λ——X 射线波长；

α_t——镶嵌结构倾斜角；

ε_{in}——生长方向上的非均匀应变。

通过 XRD 的 ω-2θ 和 ω 扫描，可以得到了五个晶格应变的分量，结合水平和垂直方向的关联长度，可以得到位错密度的信息。

2.1.2.3　正电子湮没技术

正电子在完整晶格中的湮没称为自由态的湮没。若晶体中出现缺陷，如空位、位错等缺陷，则入射的正电子束一部分发生自由态湮没，另一部分则被缺陷捕获湮没。

大多数情况下，正电子-电子对(简称为湮没对)湮没后变成两个 γ 光子。若湮没时湮没对静止，则根据能量守恒与动量守恒可知，两个光子将沿 180°相反方向射出，每个光子的能量为：

$$E_0 = m_0 c^2 - \frac{1}{2}E_B \tag{2-9}$$

式中 m_0——电子静止质量；

c——光速；

E_B——正电子-电子之间的束缚能，通常略去不计。

计算得 E_0 约等于 511 keV。由于在金属缺陷处的电子能量较低，于是看 511 keV 的 γ 光子多普勒能谱窄化。缺陷的尺寸和密度均影响能谱的窄化程度。假设晶体中存在位错和空位两种缺陷，则多普勒展宽能谱线形参数 S 应该是包括自由态湮没在内的三种湮没部分的权重平均：

$$S = S_p \frac{N_p}{N_0} + S_d \frac{N_d}{N_0} + S_v \frac{N_v}{N_0} \tag{2-10}$$

式中 S_P——正电子全部在完整晶格湮没的 S 值；

S_d——全部被位错捕获湮没的 S 值；

S_v——全部被空位湮没的 S 值；

N_0——单位时间射入样品的正电子数；

N_p——单位时间在完整晶格湮没的正电子数；

N_d——单位时间在位错捕获湮没的正电子数；

N_v——单位时间在空位捕获湮没的正电子数。

令 λ_p、q_d、q_v 分别为正电子在完整晶格的湮没速率(等于正电子在完整晶格湮没寿命 τ_p 的倒数)、位错捕获速率、空位捕获速率，则：

$$N_p = \frac{N_0 \lambda_p}{\lambda_p + q_d + q_v}$$

$$N_d = \frac{N_0 q_d}{\lambda_p + q_d + q_v} \tag{2-11}$$

$$N_v = \frac{N_0 q_v}{\lambda_p + q_d + q_v}$$

代入(2-10)式，得：

$$S = \frac{S_p \lambda_p + S_d q_d + S_v q_v}{\lambda_p + q_d + q_v} \tag{2-12}$$

如果试样中仅含有位错一种缺陷，则：

$$S^d = \frac{S_p \lambda_p + S_d q_d}{\lambda_p + q_d} \tag{2-13}$$

由此得出位错的捕获速率：

$$q_d = \frac{\lambda_p \cdot (S_p - S^d)}{S^d - S_d} \tag{2-14}$$

如果试样中含有位错和空位两种缺陷，把(2-14)式代入(2-12)可以得出空位的捕获速率：

$$q_v = \frac{\lambda_p \cdot (S_d - S_p) \cdot (S - S^d)}{(S - S_v) \cdot (S^d - S_d)} \tag{2-15}$$

其中 λ_p、S_p、S_d、S_v、S^d、S 均可以从实验获得，再根据缺陷浓度对正电子捕获速率正比于缺陷浓度，从而可以算出试样的位错密度和空位浓度。

2.2 层错能

2.2.1 层错及层错能

材料变形时，变形区域的晶粒将产生位错增殖。在外加切应力作用下，增殖位错沿滑移面运动，遇到晶界、第二相等障碍物时将形成塞积。在高应变率加载条件下，材料将在最大切应力方向呈现局域化变形，且位错增殖速率极快。由于大量位错的涌入，位错塞积处将形成巨大应力集中，最终形成裂纹使晶粒断裂。

金属结构在堆垛时，没有严格的按照堆垛顺序，形成堆垛层错。层错是一种晶格缺陷，它破坏了晶体的周期完整性，引起能量升高，通常把单位面积层错所增加的能量称为层错能。

层错能出现时仅表现在改变了原子的次近邻关系，几乎不产生点阵畸变。所以，层错能相对于晶界能而言是比较小的。层错能越小的金属，则层错出现的概率越大。

金属剧烈剪切变形时，应变协调机制与晶体结构及层错能密切相关。面心立方结构是以密排面{111}顺序堆垛而成，若晶面的正常堆垛顺序遭到破坏，即出现层错。层错在晶体中几乎不产生晶格畸变，但它能使传导电子产生反常的衍射效应，从而使能量增加，这部分源自于电子能的能量为层错能。通常把产生单位面积层错能所需的能量称为“层错能”。在密排结构中，层错仅破坏了原子的次近邻关系，并没有破坏原子最近邻关系。金属中出现层错的概率与层错能密切相关，层错能越高，出现层错的概率越小。层错能越低，位错越容易分解为层错，位错扩展的宽度也越大，束集越困难，越不易产生交滑移，孪生变形越容易。因此对于低层错能的金属材料，即使在较大的变形条件下也很难产生交滑移，位错运动基本上都限制在各自的滑移面上，在滑移面上的林位错交割形成位错网与孪生分割构成了低层错能晶粒细化的机制。对于中、高层错能的金属材料，扩展位错宽度极小，容易产生交滑移，使大部分螺型位错通过交滑移排列组合成多种形态的小角度位错晶界，即亚晶界，它们包括变形带、几何必需位错晶界和位错墙等，随应变的增加会诱导这些位错墙发生动态连续再结晶，位错晶界取向差增大，逐渐转变为等轴晶，演化成为晶粒。因此中、高层错能面心立方晶格材料晶粒细化机制为交滑移形成的位错界面不断形成，并连续地分割晶粒。

体心立方晶格类型的金属材料，其层错能都很高，一般不产生层错，很容易产生交滑移。交滑移的结果使晶内的滑移带弯曲，弯曲的滑移带连续地分割晶粒，使晶粒内位错界面不断大量形成，滑移带长度逐渐减小，宽度逐渐增加，即位错墙增厚，并诱导动态连续再结晶形成，使晶粒得到细化。如层错能较高的金属铝及铝合金、纯铁、铁素体钢(bcc)等热加工时，易发生动态回复，因为这些金属中易发生位错的交滑移及攀移。而奥氏体钢(fcc)、镁及其合金等由于层错能低，不发生位错的交滑移，所以动态再结晶成为动态软化的主要方式。

2.2.2　层错能的计算方法

所谓的强化手段本质上就是在材料中引入各种各样的缺陷，用来阻止位错的运动，使材料不易发生塑性变形，进而提高其力学性能(主要指强度)。经过大量实验之后，人们发现当面心立方(fcc)、体心立方(bcc)和六角密排结构(hcp)

金属中分别含有孪晶界、共格晶界和堆垛层错时，晶体会表现为很强的强度和韧性。孪晶界面作为一种理想的共格晶界，被认为在孪晶内部的某一层开始存在着一个连续堆垛层错的结构。在很多情况下我们用层错能来描述层错的物理参量，定义为单位面积上能量的一个增值，其计算公式为：

$$\gamma = \frac{E - E_0}{A} \tag{2-16}$$

其中，E_0 为完整晶体的自由能，E 为发生层错后体系的自由能，A 为层错的面积。

层错能的概念是由 Vitek 在 1968 年提出的。层错能即 γ 面，其基本思想是将完整晶体沿某一平面分成两部分，把两部分晶体沿分界面任意方向相对滑移任意位移，晶体在滑移面上单位面积的能量增值即为层错能。层错能模型如图 2-2所示。对于 fcc 结构的金属，最重要的 SFE 是沿[$11\bar{2}$]滑移形成的，而其中最重要的两个点是本征层错能－γ_{isf} 和非稳定层错能－γ_{us}，这两个层错能和材料的塑性变形以及断裂密切相关。图 2-2 中给出了 γ_{isf} 和 γ_{us}，u_x 是指沿[$1\bar{1}0$]滑移，u_y 是指沿[$11\bar{2}$]滑移。

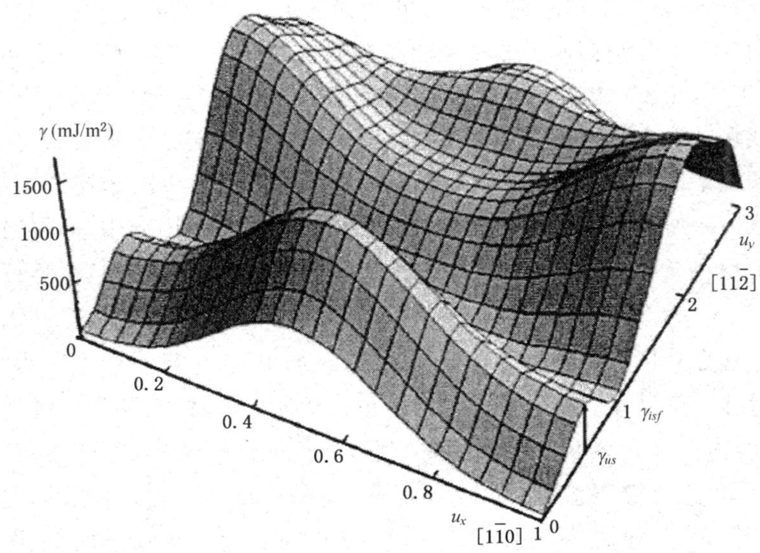

图 2-2　层错能模型

由于层错能的计算是数值计算，因此对计算机的要求比较高。近年来随着计算科学的发展和普及，关于层错能的计算才逐渐发展起来。层错能的计算主要有两种方式，一种是嵌入原子法(EAM)，另一种是基于密度泛函理论(DFT)的第一性原理计算法。

2.2.3 层错能的实验研究方法

实验上研究层错能有 X 射线方法、弱束方法和位错节的曲率半径测量法。采用实验的方法目前只能测出 γ_{isf}，而对于层错能上的其他点只能通过数值模拟进行计算。

(1) X 射线方法测量

材料经过变形后会形成层错和孪晶，原子堆垛在出现层错和孪晶的区域发生错排，因而 X 射线衍射峰会出现位移或变宽，同时孪晶的存在还使得峰值不对称。用 X 射线测量层错能主要是基于以上原理。

Corroll 在 1953 年得出层错宽度 r 和层错能 γ_{isf} 的关系式：

$$r=\frac{\mu a^2}{24\pi r_{isf}} \tag{2-17}$$

经变形可得：

$$r_{isf}=\frac{\mu a^2}{24\pi r} \tag{2-18}$$

其中，μ 为切变模量，a 为晶格常数。因此通过测量出层错的宽度就能通过上式求出 r_{isf}。

此法的缺点是不能测量双相合金的层错能，这就制约了 X 射线的应用范围。

(2) 弱束方法测量

此法能测量双相合金的层错能，其原理是利用弱束成像的高分辨率，在扫描电镜上获得两条分开的偏位错像，通过准确地测量两条位错线的间距，利用各向异性弹性理论得出的层错能公式如下：

$$\gamma=\frac{Gb^2}{8\pi(1-\nu)d}[(2-\nu)-2\nu\cos 2\theta] \tag{2-19}$$

其中，G 是切变模量，b 是柏氏矢量，ν 是泊松比，d 是位错间距，θ 是柏氏矢量与位错线的夹角。

(3) 位错节的曲率半径测量法

这种方法是利用 TEM 观察变形的金属薄膜，当观察到清晰的扩展位错时，确定 b_p，拍下其位错节，然后倾斜试样使位错节消失，拍下此时的衍射花样，然后恢复原来的条件使位错清晰可见，拍下衍射花样后倾斜试样，得到近双束条件。对照片放大 20 万倍，测其内切圆半径，利用如下公式可以得出层错能：

$$\gamma=0.3\mu b^2/R \tag{2-20}$$

其中，μ 为切变模量，b 是柏氏矢量，R 是由位错扩散角度的几何结构来决定的。

2.3 回复与再结晶

加工硬化使金属处于不稳定状态，通过加热可以使原子的活动能力增强，产生回复和再结晶，使硬化现象得以减轻或消除。

(1) 回复　将冷成形后的金属加热至一定温度后，使原子回复到平衡位置，晶内残余应力大大减小的现象，称为回复，回复温度约为 $0.25T \sim 0.3T$，T 为熔点(K)。回复使晶格畸变减轻或消除，但晶粒的大小和形状并无改变，在生产中用于使制件保持较高的强度且降低脆性的场合。如冷拔钢丝经冷卷成形后的低温退火，可使弹簧定形且仍保持良好的弹性。

(2) 再结晶　塑性变形后金属被拉长了的晶粒出现重新生核、结晶，变为等轴晶粒的现象，称为再结晶，如图 2-3 所示。再结晶温度一般为 $0..4T$。再结晶使金属的加工硬化现象得以完全消除，并重新获得良好的塑性，在塑性成形中广泛应用。如线材的多次拉拔和板料的多次拉深时，常需在工序间穿插再结晶退火，以使工件顺利成形。

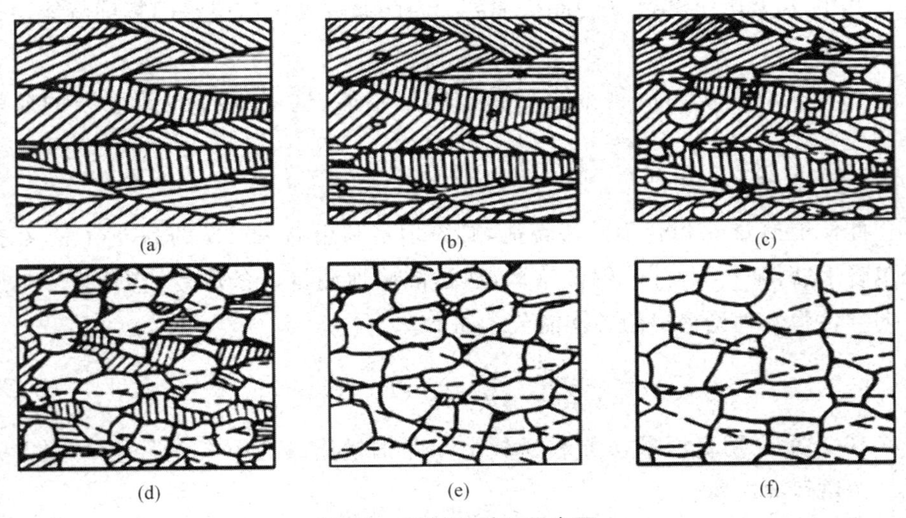

图 2-3　再结晶过程示意图

再结晶后材料的晶粒大小可根据 Johnson-Meh1 公式来计算：

$$d=k\left(\frac{G}{N}\right)^{3/4} \tag{2-21}$$

其中，d 为再结晶的材料晶粒尺寸，N 为形核率，G 为长大速率，k 为系数。

凡是影响形核率 N 和长大速率 G 的因素均影响最终的晶粒尺寸。当变形量大于临界变形量 ε_c(一般材料的临界变形量为 2%～8%)以后，形变量越大，位错密度越高，亚晶形成数量越多，形核率 N 和长大速率 G 越大，但是形核率 N 的增加速度大于长大速率 G 的增加速度，从而再结晶的材料晶粒尺寸 d 减小。这是采用强变形技术获得微纳米材料的再结晶理论依据。

2.4　Hall-Petch 关系及其适用条件

2.4.1　Hall-Petch 关系

常规材料的屈服强度随晶粒的减小而提高，两者之间的关系服从 Hall-Petch 关系：

$$\sigma=\sigma_0+kd^{-1/2} \tag{2-22}$$

式中，σ 为屈服应力；σ_0 为移动单个位错所需克服的点阵摩擦力；k 为系数；d 为晶粒平均直径。

由于常温下晶界对位错运动的阻碍，故而晶界越多，即晶粒越细，材料的强度就越高，也就是细晶强化。但当晶粒细化到一定程度时，由于晶粒内塞积的位错不够多而使其产生的应力集中不能推动相邻晶粒中位错（或位错源）开动，此外，随着晶界面积的增大，其所占的体积也不能被忽略，晶界滑移对强度的影响也更加明显，这些都导致 Hall-Petch 关系不再适用，此关系只适用于一定的晶粒尺寸范围。

公式(2-22)的应用范围通常是在常温状态下，但当达到该材料塑性成形的特定温度时，材料的屈服强度却可能随着晶粒尺寸的减小而降低。另外，当有些纳米金属晶粒尺寸小于 10 nm 时，常温状态下其屈服强度就随晶粒尺寸的减小而降低，呈现出反 Hall-Petch 关系。

2.4.2　Hall-Petch 关系的理论推导

2.4.2.1　建立位错塞积模型并求晶粒直径

设晶体 A 中的位错源接近晶界，且产生的位错受阻于另一侧晶界，这样的假设是合理的，因为在有利滑移方向的位错源在外加切应力足够大的情况下都会开动，而晶界附近是结构较不规则的地方，最容易形成晶粒的位错源，这样外加作用力最终作用结果是使整个晶粒直径上形成位错塞积，形成的应力集中也最大。令 x 方向就是晶体的一个有利滑移方向，从而在外加切应力的作用下，A 晶体中在 x 方向形成一个位错塞积，当外加切应力达到材料屈服点时的切应力 τ_0 时，晶粒 A 中的位错塞积基本形成，由此可知，该切应力 τ_0 只与位错运动有关，作用于位错上，其位错塞积模型如图 2-4 所示。

由图 2-4 可知：第 n 个位错与第一个位错的距离（x_n）与晶粒直径相近，即 $d\approx x_n$，从而求出的 x_n 大小即可求出晶粒直径。

圆柱体的应力场与位错线在 z 轴，对圆柱体上各点产生两种切应力 $\tau_{\theta z}=\tau_{z\theta}$，由于圆柱只在 z 轴方向有位移，在 x 和 y 方向都没有位移，所以其他分量都为 0。如图 2-5 所示，从这个圆柱体中取一个半径为 r 的薄壁圆筒展开，便能看

出在离开中心 r 处的切应变为：

$$\gamma=\frac{b}{2\pi r}$$

其中，γ 为切应变，b 为柏氏矢量，r 为半径。

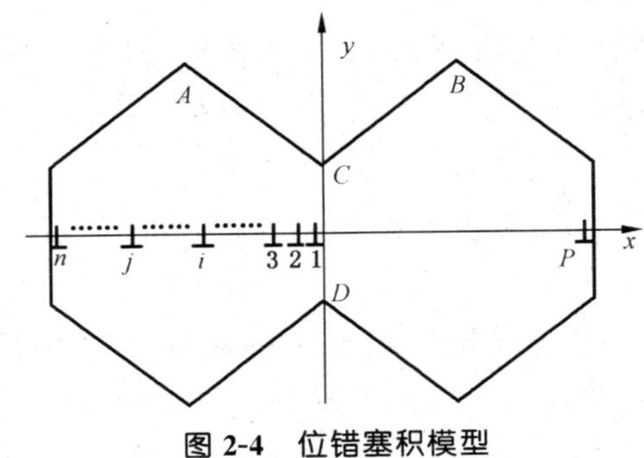

图 2-4　位错塞积模型

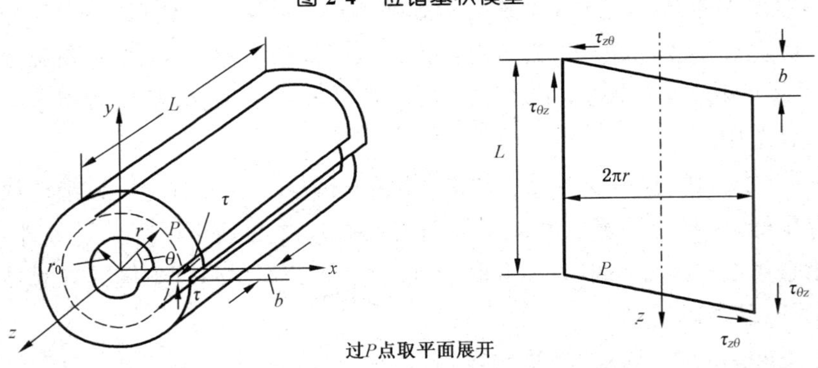

图 2-5　位错的应力场分析图

现在分析 A 晶体中的第 j 个位错，在位错塞积形成后，它受到两个力作用而处于平衡状态，一个是外加作用力 $\tau_0 b$，另一个是其他位错对 j 位错的作用力的合力，根据位错线间的相互作用力公式可得，第 i 个位错对第 j 个位错的作用力为：

$$F_{ij}=\frac{Gb^2}{2\pi(1-\mu)}\frac{1}{x_j-x_i} \tag{2-23}$$

其中，μ 为泊松比，G 为切变模量。

从而所有位错对 j 位错的作用力的合力为：

$$F_{ij}=\frac{Gb^2}{2\pi(1-\mu)}\sum_{\substack{i=1\\j\neq i}}^{n}\frac{1}{x_j-x_i} \tag{2-24}$$

由于位错 j 在外加切应力和其他位错的合力作用下处于平衡状态，从而有：

$$F_{ij}=\tau_0 b \tag{2-25}$$

由式(2-24)和式(2-25)得到：

$$\frac{Gb^2}{2\pi(1-\mu)}\sum_{\substack{i=1\\j\neq i}}^{n}\frac{1}{x_j-x_i}=\tau_0 b \tag{2-26}$$

令

$$D=\frac{Gb}{1-\mu} \tag{2-27}$$

位错类型不同，D 也不同，这里以刃位错分析。则有联立方程：

$$\sum_{\substack{i=1\\j\neq i}}^{n}\frac{1}{x_j-x_i}=\frac{\tau_0}{D} \tag{2-28}$$

当 n 很大时，此联立方程有近似解：

$$x_i=\frac{D\pi^2}{8n\tau_0}(i-1)^2 \tag{2-29}$$

由于 n 很大，所以：

$$x_n=\frac{D\pi^2}{8n\tau_0}(n-1)^2\approx\frac{Dn\pi^2}{8\tau_0} \tag{2-30}$$

由 $d\approx x_n$ 可得，晶粒直径为

$$d=\frac{Dn\pi^2}{8\tau_0} \tag{2-31}$$

在式(2-30)中，τ_0 是材料形变达到屈服点时只与位错有关的切应力，对于给定的材料，τ_0 是一定的，是该切应力作用下塞积的位错数。由该式可知，材料的平均晶粒尺寸与 τ_0 呈反比，即晶粒尺寸越大，材料的屈服强度越小，这与实际相符。

2.4.2.2　利用位错塞积模型推导 Hall-petch 关系

晶界对位错运动具有强烈的阻碍作用，在外加切应力的作用下晶粒取向最有利位向上的位错源首先开动，位错源发出的领先位错靠近晶界后遭遇阻力而停止运动，从而随后发出的位错会依次塞积在有利位向的滑移面上而形成位错塞积。在图 2-4 中，当塞积顶端产生的应力集中透过晶界达到相邻晶粒 B 靠近晶界 CD 的位错（或位错源）开动所需的临界切应力 τ_0 时，相邻晶粒的位错 B（或位错源）开动，这样又会在晶粒 B 中形成位错塞积而使下一个晶粒中的位错（或位错源）开动，这样循环下去，可使晶体产生塑性变形。外加切应力对多晶体的作用可分为两部分：一部分作用力是用来使晶体材料克服除位错塞积之外阻碍滑移的最小综合切应力，用 τ^* 表示；另一部分作用力是用来使多晶体中晶粒内产生位错塞积，它作用于位错上，使其在塞积群中能保持平衡，由此可知，这个力与前面提到的位错塞积基本形成时，材料屈服点处只与位错有关的那部分切应力 τ_0 一致，由此这个力也用 τ_0 表示，从而外加总切应力为：

$$\tau=\tau^*+\tau_0 \tag{2-32}$$

现在对 τ_0 进行分析。由图 2-4 可知，晶界 CD 两端受到其他晶界或晶粒等

的拉力作用，且晶界处原子较疏松，排列较乱，杂质易往晶界偏聚，第二相也易在此处析出，所以晶界在受到位错塞积的作用力时，将产生一个“形变阻应力”，当位错塞积对其作用力小于晶界最大形变阻应力 f'时，相邻晶粒将不受到晶粒A中位错塞积的作用，即受到“屏蔽”，由于沿 x 方向晶界的最大变形阻应力 f' 的方向与位错运动的临界切应力 τ_c 方向相反，所以可令：

$$f'=s\tau_c$$

由于 f'和 τ_c 方向相反，所以小于零(负号表示方向，$s\tau_c$ 的大小则为正数)。s 是一个与晶体的晶格类型、晶界类型和间隙原子沿晶界的偏聚程度等相关的量。图 2-5 中对 x 方向进行受力分析，由牛顿第三定律可知，使 B 晶粒内靠近晶界 CD 的位错(或位错源)开动所需的最小临界切应力大小为：

$$\tau_c=\tau_0+n\tau_0-s\tau_c \tag{2-33}$$

解得：$n=\dfrac{(1+s)\tau_c}{\tau_0}-1\approx\dfrac{(1+s)\tau_c}{\tau_0}$，代入式(2-29)得：

$$d=\frac{(1+s)D\tau_c\pi^2}{8\tau_c^2} \tag{2-34}$$

从而有 $\tau_0=\dfrac{\pi}{4}\sqrt{2D\tau_c(1+s)}d^{-1/2}$，代入式(2-30)可得：

$$\tau=\tau^*+\frac{\pi}{4}\sqrt{2D\tau_c(1+s)}d^{-1/2} \tag{2-35}$$

令

$$k=\frac{\pi}{4}\sqrt{2D\tau_c(1+s)} \tag{2-36}$$

即可得：

$$\tau=\tau^*+kd^{-1/2} \tag{2-37}$$

式(2-37)即为 Hall-Petch 关系。该公式已得到大量实验结果的验证，具有很好的适用性，如图 2-6 所示的几种软钢的晶粒尺寸和下屈服点的关系就说明了这点。

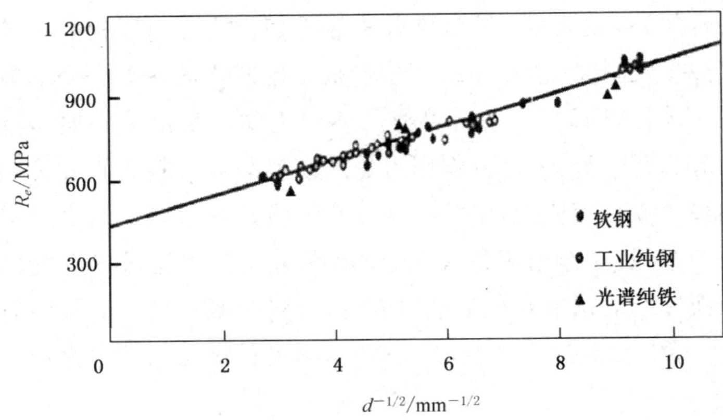

图 2-6 几种软钢的晶粒尺寸与下屈服点的关系

2.4.3 Hall-Petch 关系的适用范围

2.4.3.1 Hall-Petch 关系的适用范围概述

Hall-Petch 关系主要适用于微米量级，因为晶粒尺寸在微米量级时，晶界所占体积与晶粒相比可忽略不计，而且晶粒内塞积的位错数量有一定限度，位错塞积模型能很好地符合微米量级晶粒所具有的这些条件。

晶粒在毫米量级以上时，一方面，由于晶粒尺寸过大，可以看作趋向无穷，即外加切应力约等于 τ^*；另一方面，由于晶粒直径过大，从而位错塞积中的位错数量也相当大，在外加切应力作用下，位错塞积末端的位错还在受力运动，领先位错的应力集中已使相邻晶粒内的位错（或位错源）开动，甚至摧毁晶界，形成微裂纹，这与推导 Hall-Petch 关系的位错模型图 2-4 不一致。综上两方面可得，Hall-Petch 关系并不适用于宏观尺寸晶粒组成的晶体材料。

当晶粒尺寸达到纳米量级时，界面所占体积随晶粒直径减小而显著增加。此外由于晶粒直径过小，晶粒有利取向上位错塞积的位错数量也很小，使领先应力集中远小于相邻晶粒中位错（或位错源）开动所需的临界切应力 τ_c。这些都违背了推导 Hall-Petch 关系的位错模型，所以 Hall-Petch 关系不适用于纳米晶粒。大量文献证实，许多纳米晶体材料呈反 Hall-Petch 关系，如用惰性气体原位加压法制成的 n-NiP 等纳米晶体材料显微硬度的测量实验结果表明：随着晶粒直径减小，硬度也随着降低，即 Hall-Petch 关系的 $k<0$。

2.4.3.2 Hall-Petch 关系适用的晶粒上临界尺寸

在图 2-4 中，令晶粒 A 中位错塞积的正前方且距晶界 CD 为 r 的晶粒 B 中 P 处的位错受到切应力 $\tau_{(r)}$，它应等于外加切应力 τ_0 与晶粒 A 的位错塞积中各位错在该点的切应力之和再减去晶界的最大变形阻应力 $s\tau_c$，即：

$$\tau_{(r)}=\tau_0+D\sum_{i=1}^{n}\frac{1}{x_i+r}-s\tau_c \tag{2-38}$$

由于 n 很大，故此式可用积分计算，由式(2-29)和式(2-31)得：

$$\frac{\mathrm{d}i}{\mathrm{d}x}=\frac{4\tau_0}{D\pi^2}\sqrt{\frac{d}{x}} \tag{2-39}$$

将式(2-39)代入式(2-38)并改写成积分形式可解得：

$$\begin{aligned}\tau_{(r)}&=\tau_0+D\int_0^d\frac{1}{x+r}\frac{\mathrm{d}i}{\mathrm{d}x}\mathrm{d}x-s\tau_c\\&=\tau_0+\frac{8\tau_0}{\pi^2}\sqrt{\frac{d}{x}}\arctan\sqrt{\frac{d}{r}}-s\tau_c\end{aligned} \tag{2-40}$$

这里可认为 P 处位错（或位错源）离晶界 CD 较远，A 晶粒产生的位错塞积形成的应力集中也能推动其开动，这样 r 趋近于 d，即

$$\sqrt{\frac{d}{r}}\approx 1$$

则有：

$$\arctan\sqrt{\frac{d}{r}}\approx\frac{\pi}{4} \tag{2-41}$$

所以由式(2-38)和式(2-39)得：

$$\tau_{(r)}=\tau_0+\frac{8\tau_0}{\pi^2}\cdot\frac{\pi}{4}-s\tau_c=\tau_0+\frac{2\tau_0}{\pi}-s\tau_c \tag{2-42}$$

从而由 $\tau_{(r)}\geqslant\tau_c$，可得：

$$\tau_0\geqslant\frac{\pi\tau_c}{2+\pi}(1+s) \tag{2-43}$$

由式(2-34)和式(2-43)可得：

$$d\leqslant\frac{D(2+\pi)^2}{8\tau_c(1+s)} \tag{2-44}$$

由式(2-15)和式(2-44)可得：

$$d\leqslant\frac{D(2+\pi)^2}{16\pi}\frac{Gb}{\tau_c(1+s)(1-\mu)} \tag{2-45}$$

又 $\frac{D(2+\pi)^2}{16\pi}\approx\frac{1}{2}$，从而

$$d\leqslant\frac{Gb}{2\tau_c(1+s)(1-\mu)} \tag{2-46}$$

因此上临界尺度为：

$$d_{\max}=\frac{Gb}{2\tau_c(1+s)(1-\mu)} \tag{2-47}$$

其中，G 为切变模量，b 是柏氏矢量，τ_c 为位错运动的临界切应力，μ 是泊松比。

2.4.4 Hall-Petch 关系适用的晶粒下临界尺寸

由前面分析可知，到纳米量级时，Hall-Petch 关系未必适用，因此，必存在一个临界尺寸 $d_{\min}$，当晶粒尺寸小于 $d_{\min}$ 时，Hall-Petch 关系将再不适用，如图 2-7 所示为一些纳米材料的维氏硬度与 $d^{-1/2}$ 的关系，尽管一些材料仍呈线性关系，也不能再用位错塞积理论导出的 Hall-Petch 关系分析，下面求 Hall-Petch 关系适用的下临界尺寸。

Gryaznoy 等人从理论上分析了纳米材料的小尺寸效应对晶粒内位错组态的影响，并研究了许多纳米金属材料的位错组态发生突变的临界晶粒尺寸，得到粒径小于某个临界尺寸时，位错不稳定，趋向于离开晶粒；大于临界尺寸时，位错稳定处于晶粒中，此临界尺寸为：

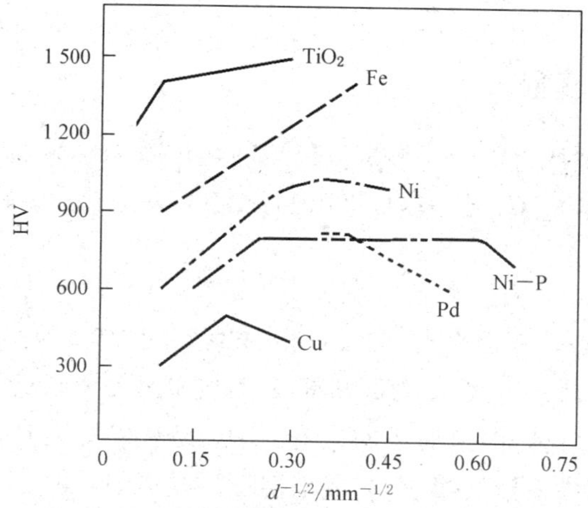

图 2-7　纳米材料的维氏硬度与 $d^{-1/2}$ 的关系

$$l_{\min} \leqslant \frac{Gb}{\tau_c} \tag{2-48}$$

其中,G 为切变模量,b 为柏氏矢量,τ_c 为位错运动的临界切应力。可知,此临界尺寸也是 Hall-Petch 关系适用的下临界尺寸,因为 Hall-Petch 关系是通过位错塞积理论得出的,因此位错要能在晶粒里稳定存在才能形成位错塞积。因此 Hall-Petch 关系适用的晶粒下临界尺寸为:

$$d_{\min} = l_{\min} = \frac{Gb}{\tau_c} \tag{2-49}$$

通过一些资料可以查得球形粒子的铜纳米晶体位错稳定存在的临界尺寸为38 nm,圆柱形粒子时为 24 nm,从而得 $d_{\min}^{-1/2}$ 约等于 0.19 $nm^{-1/2}$(球形)和 0.25 $nm^{-1/2}$(圆柱形),这与图 2-6 很相符;对于 Ni 纳米晶体,球形粒子时此临界尺寸为 18 nm,圆柱形时为 10 nm,同样可得与图 2-6 相符的结果。

2.4.5　对上临界尺寸 $d_{\max}$ 和下临界尺寸 $d_{\min}$ 的分析

由式(2-47)和式(2-49)可得:

$$\frac{d_{\max}}{d_{\min}} = \frac{1}{2(1+s)(1-\mu)} \tag{2-50}$$

由式(2-36),可得:

$$\frac{1}{1+s} = \frac{\pi \tau_c G b}{16k^2(1-\mu)} \tag{2-51}$$

其中,k 为 Hall-Petch 关系适用时其斜率,可以通过实验测量得到,对于大量材料,k 值一般在 0.5～2.0 之间,故式(2-51)得到的结果约为 7 个数量级。又对于大量多晶材料,$2(1-\mu)$的值约等于 1,因此式(2-50)的值一般为 7 个数量级。式(2-49)的值一般为纳米量级,从而得式(2-47)的值为毫米量级,这与实际符合得很好。

2.5 经典蠕变模型

经典蠕变模型认为蠕变变形是位错运动和扩散的结果，稳态蠕变速率 $\dot{\varepsilon}$ 是晶粒尺寸 d 和真实应力 σ 的函数，可用 Dorn-Boltzman 方程来描述

$$\dot{\varepsilon}=A\sigma^{n}\ \frac{1}{d^{p}}\exp\left(\frac{-Q}{kT}\right) \tag{2-52}$$

式中，$\dot{\varepsilon}$ 为稳态应变速率；A 为常数；σ 为真实应力；d 为晶粒尺寸；n 为应力指数($n\approx2$)；p 为晶粒指数；Q 为激活能；k 为玻尔兹曼常数；T 为热力学温度。

由方程(2-52)我们得到如下的结论：当应变速率一定时，减小材料晶粒尺寸，可降低材料塑性成形的温度；当成形温度一定时，减小材料的晶粒尺寸可提高材料塑性成形时的应变速率。

常规晶粒尺寸(5～10 μm)伴随着较低应变速率，当晶粒尺寸细化至微米级，应变速率会明显加速，当晶粒尺寸达到纳米级，其应变速率将呈数个数量级的加快，达到高应变速率，使变形时间缩短。超塑性流变过程中的应变速率随 d^{-2} 变化而变化，其中 d 为材料的晶粒尺寸，即在晶粒细化过程中，当晶粒尺寸下降一个数量级，那么其最优化超塑性成形速率将呈近 2 个数量级的趋势增加，即当晶粒尺寸由 2 μm 细化至约 200 nm 时，成形所需时间由 20～30 min 缩短至 20～30 s，同时超细化晶粒材料还具有更低温条件的超塑性变形能力。

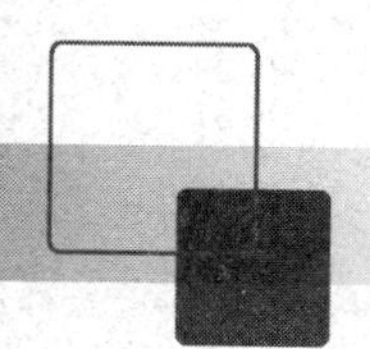

第3章 锻轧复合工艺

3.1 工艺原理

锻轧复合工艺是通过热锻、冷轧和热处理等一系列处理方法，来控制材料变形过程中的微观组织，以达到板材晶粒细化目的，从而获得均匀细小的晶粒结构并优化合金的机械性能的一种强变形细晶板材制备方法，其工艺原理如图3-1所示。锻轧复合工艺是一种通过分步变形，逐渐使变形不断积累而获得具有优良力学性能的细晶板材制备工艺。其具有锻造工艺和轧制工艺的复合优点，生产效率高、成材率高、低消耗、组织均匀性高，且力学性能好，适合于大批量细晶板材的生产制造。

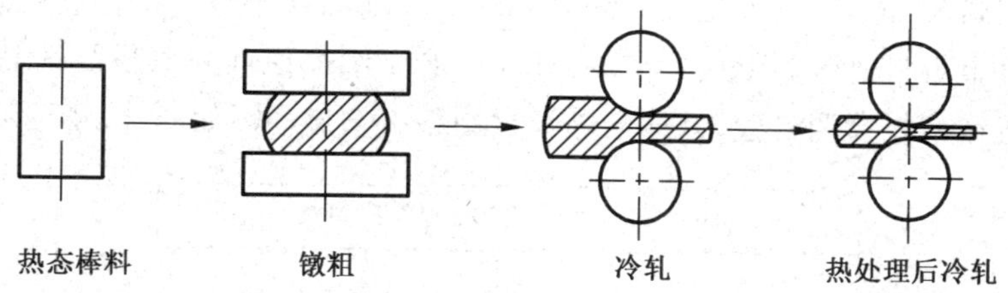

图3-1 锻轧复合法制备细晶板材原理图

3.2 高温合金锻轧复合工艺

3.2.1 实验材料与方案

选用厚度为3 mm的GH4169高温合金板材作为实验材料，试样的原始材料晶粒尺寸大小不一，晶粒尺寸在20～100 μm之间，如图3-2所示，其化学成分见表3-1，原始机械性能如表3-2所示。

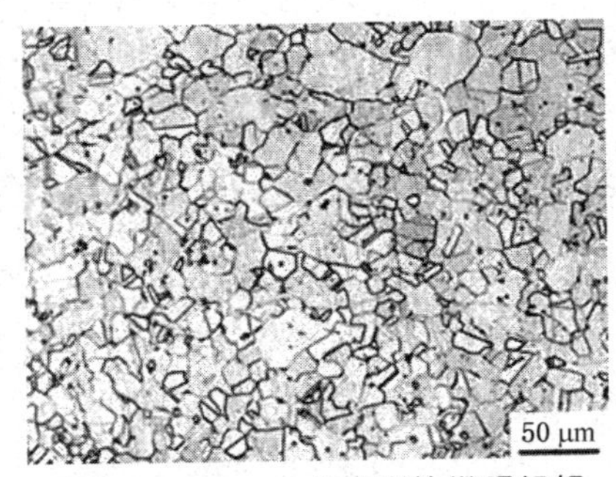

图 3-2　GH4169 合金原始微观组织

表 3-1　GH4169 合金化学成分(质量分数)　　%

C	Si	Mn	Cr	Ni	Co	Ti	Al	Mo	Nb	S	P	Mg	Cu	B	Fe
0.067	0.08	0.03	19.26	53.67	0.05	1.13	0.55	3.26	5.38	0.005	0.008	<0.01	0.072	<0.006	余

表 3-2　实验用 GH4169 合金力学性能

材料	弹性模量 E/GPa	屈服强度/MPa	抗拉强度/MPa	延伸率/%	显微硬度/HV
GH4169	194	673	1008	43.6	267

利用热锻、冷轧、热处理等方法对 GH4169 高温合金板材细晶化处理,观察各阶段合金板材的微观形貌,分析 GH4169 合金细晶原理并对最终细晶板材试样进行机械性能检测实验,具体细晶板材制备工艺流程图如图 3-3 所示。

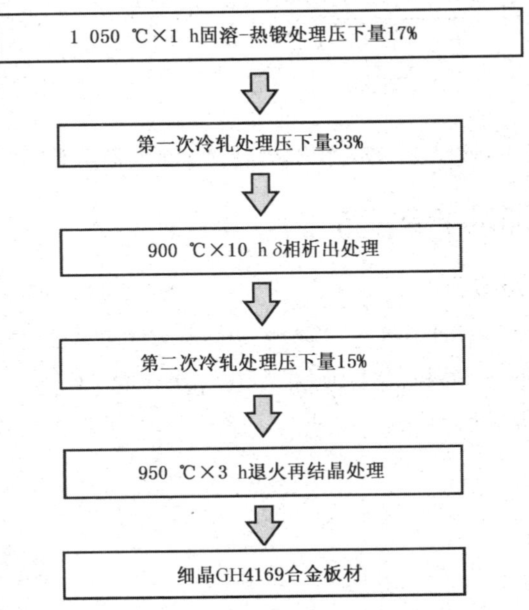

图 3-3　GH4169 合金细晶板材制备工艺流程图

3.2.2 锻造工艺

GH4169 高温合金与其他合金相比锻造工艺特点如下：

(1) 塑性低　高温合金由于合金化程度高，其组成成分复杂多样且由多相组成，强化现象严重，塑性性能较差。

(2) 热导率低　高温合金的热导率低，达到目标温度需要以缓慢的加热速率加热。

(3) 锻造温度范围窄　高温合金具有初熔温度低和再结晶温度高的特点，在锻造时若终锻温度过低，会造成冷热变形不均匀的结果，导致合金的变形抗力增大且塑性降低，致使锻件组织粗化且不均匀。若终锻温度过高，则易出现过烧、过热和晶粒迅速长大等问题。

(4) 对应变速率敏感　高温合金在热变形过程中需要选择工作速度平稳且低速的锻造工艺进行，其对应变速率敏感，极易造成锻造裂纹及晶粒不均匀的现象发生。

(5) 变形抗力大　GH4169 高温合金的变形抗力在难变形合金中几乎最高，虽然随温度的升高而降低，但在 1 050 ℃时，其变形抗力仍有 250 MPa。

(6) 再结晶速度慢、温度高　高温合金的再结晶速度缓慢，使用锻锤高速锻造时，其组织虽然变形但不能够及时再结晶，因此加工硬化晶粒与再结晶晶粒混合产生不均匀组织；由于高温合金的再结晶温度高，在低于再结晶温度进行锻造时，合金中会同时存在再结晶晶粒、未完全再结晶晶粒以及加工硬化晶粒，组织不均匀性严重，并且已经溶解的强化相又会在晶界析出，使合金塑性降低。

在真空等温成型机中进行等温锻造，如图 3-4所示，采用固溶-热锻一体化工艺方法，首先将 GH4169 合金板材在真空环境中进行固溶处理，固溶温度为1 050 ℃保温 30 min，然后立即进行热锻处理，加载 50 MPa 压力，保温、保载30 min，炉冷后取出试样。

图 3-4　真空等温成型机

试样取出后，测量厚度大约为 2.5 mm，热压压下量为原始板材厚度的 17%，图 3-5 是 GH4169 板材经固溶-热锻处理后的金相组织。由图 3-5 可以看出晶粒大小差异比较大，且呈不规则形状，部分区域的晶粒发生了再结晶，晶粒得到了细化，细化部分的晶粒尺寸在 10 μm 左右。

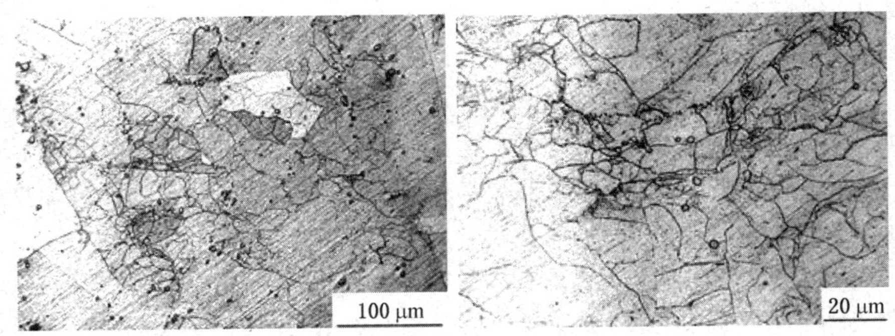

图 3-5　固溶-热锻后 GH4169 的微观组织

采用固溶-热锻一体化的工艺方法，在固溶处理过程中高温合金基体相发生软化，碳化物与各种合金元素充分均匀地溶解于基体相中，并且有降低内应力的作用。固溶后马上进行加压锻造可以避免一般固溶方式冷却过程中产生的杂质相的影响，采用等温锻造的方式，可以有效地抑制合金板材的晶粒长大行为，并使其晶粒组织得到初步细化。

3.2.3　冷轧-热处理工艺

将锻后合金板材在室温下进行多道次轧制，每道次压下量为 0.1mm，总体压下量为原始板材厚度的 33%。图 3-6 是第一次冷轧后合金的微观组织，由图可知，在冷轧变形后，原有大晶粒沿轧制方向被拉长，并产生部分亚晶，合金板材在室温下轧制不会发生再结晶，只能够产生加工硬化并储存大量的畸变能，为后续晶粒细化提供了能量基础。

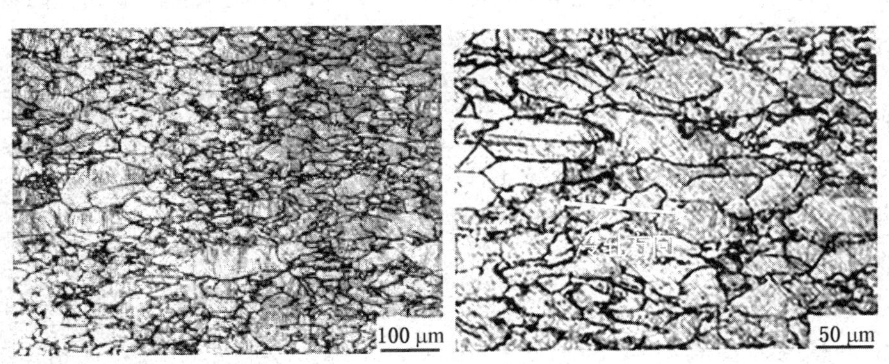

图 3-6　第一次冷轧后合金的微观组织

δ 相具有正交晶系结构，是一种稳定的共格相，由于加热温度、时间和冷却方式的改变，δ 相的大小、数量以及形态也会随之改变，其对温度变化最为敏感。δ 相析出温度在 780～980 ℃之间时，900 ℃时其析出速度达到顶峰。因此本实验 δ 相析出加热温度为 900 ℃，将第一次冷轧后的合金板材进行 900 ℃×10 h 真空热处理后空冷，合金板材 δ 相析出后的微观组织如图 3-7 所示。

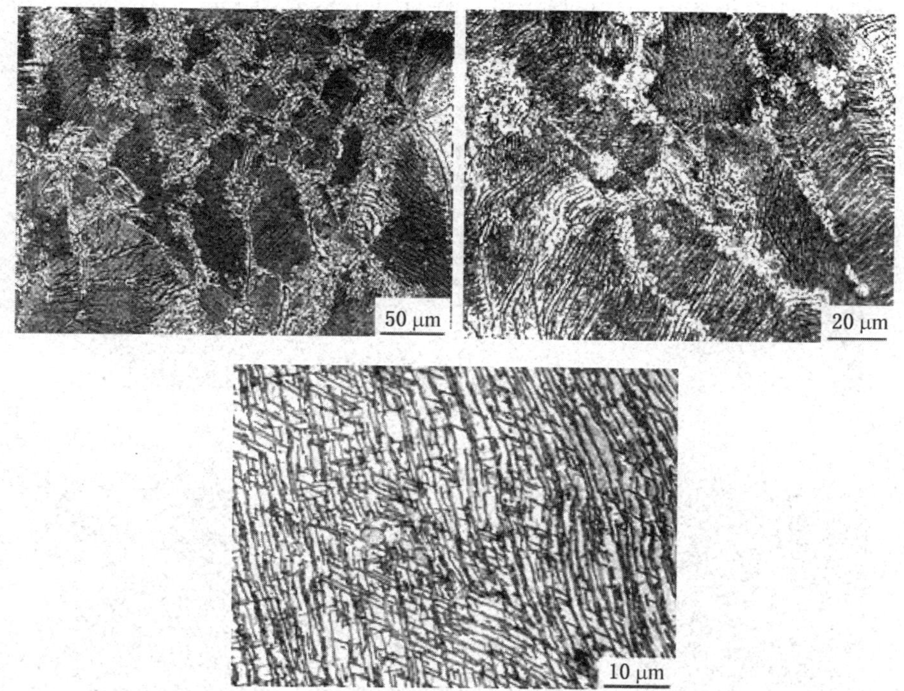

图 3-7　δ 相析出后板材的微观组织

由图 3-7 可以看出：针状 δ 相均匀分布在晶粒内部，整体看来 δ 相沿同一方向生长，但具体到一个晶粒内部针状 δ 相交错生长成篮网状组织。其对 GH4169 高温合金的作用主要有两个方面：一是控制 GH4169 合金的晶粒度，δ 相的存在可控制晶界迁移，起到钉扎作用；另一个作用是适量的 δ 相，可以提高合金塑性和消除缺口敏感性，但如果合金中存在过量的 δ 相，不仅会使合金强化效果大大下降，同时会作为裂纹萌生和发展的通道，降低材料塑性。

将 δ 相析出后的合金板材进行第二次冷轧，每道次压下量为 0.05 mm，总压下量为原始板材厚度的 15%；最后将合金板材进行退火处理，退火温度为 950 ℃，保温 3 h。图 3-8 为 GH4169 合金板材第二次冷轧后的微观组织。在图中高温合金的晶粒破碎更为严重，依然可以辨别出轧制方向，在细小的破碎晶粒中 δ 相依然均匀分布；与图 3-7 相比较图 3-8 中的 δ 相明显发生断裂且变得更加细小。

经过固溶-热锻→第一次冷轧处理→δ 相析出处理→第二次冷轧处理一系列处理后，将合金板材进行退火再结晶处理。GH4169 高温合金在 900 ℃退火尚未发生再结晶；920 ℃开始再结晶；在 920～960 ℃范围退火，晶粒并不随退火温度的升高而长大，这是由于在这个温度范围，尚处于 δ 相的析出温度范围，由于有 δ 相的存在，从而阻止了晶粒的长大。选择在 950 ℃进行退火处理，保温

3 h,图 3-9 为退火后的合金板材微观组织,退火后的晶粒大小在 4～5 μm 之间,达到 GH4169 合金板材晶粒细化的目的。

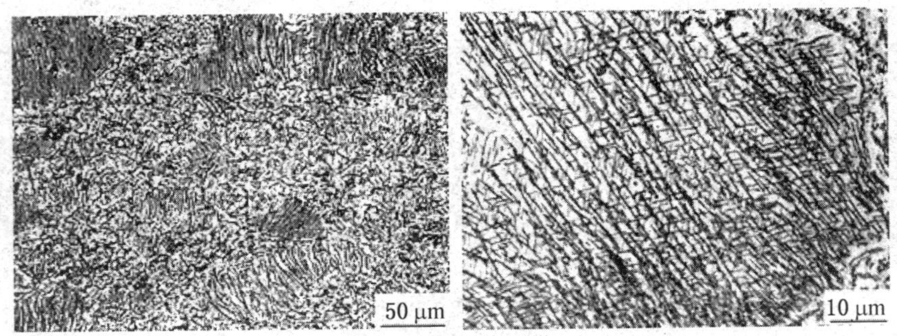

图 3-8 第二次冷轧后的微观组织

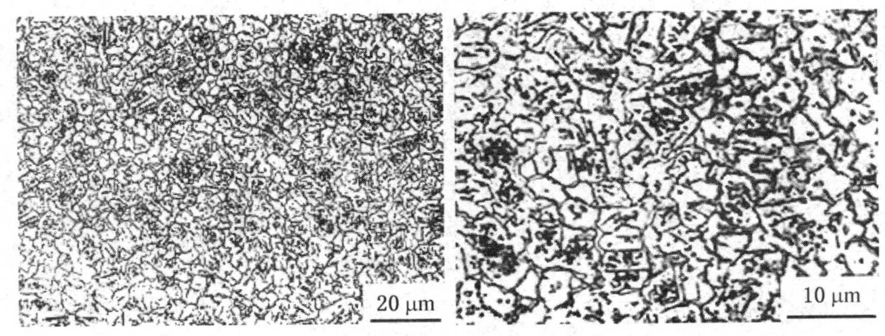

图 3-9 退火后的合金板材微观组织

图 3-10 为 GH4169 合金板材高温金相晶粒组织演变,图(a)为 100～400 ℃温度范围内的金相组织,试样几乎没有变化,依然比较光滑与洁净。在升温至 600 ℃左右时试样开始发生变化,保温 10 min 后有密集的宏观位错组织与部分碎晶晶界显现,如图(b)所示,600 ℃保温 20 min 后宏观位错组织更加密集,冷轧后晶粒长条状的晶界处畸变严重,如图(c)所示。在740 ℃保温 30 min 后,试样重新恢复淡浅色,分析原因为 GH4169 合金在 720～760 ℃会发生回复,大量异号位错合并且相互抵消,位错密度下降,在高温金相实验中宏观表现为细小密集的黑色短线消失,试样经长时间高温腐蚀晶界逐渐消失显示白色晶界痕迹,如图(d)所示。这是由于晶格畸变一般发生在晶界处并且伴随着杂质富集,因此在高温金相实验中晶界处先于晶体内部被蒸发腐蚀,晶界优先显现。继续升温至 950 ℃保温 60 min,此过程为 GH4169 合金退火再结晶过程。如图(e)、(f)所示在保温 15 min 后试样开始有细小再结晶晶粒的晶界显示,950 ℃保温 30 min 后有完整的晶粒可以观察到,图(g)在保温 45 min 后试样大部分区域再结晶完成,图(h)为 950 ℃保温 60 min 后试样再结晶过程完成,晶粒为 4～5 μm 的等轴晶且晶界清楚明显。

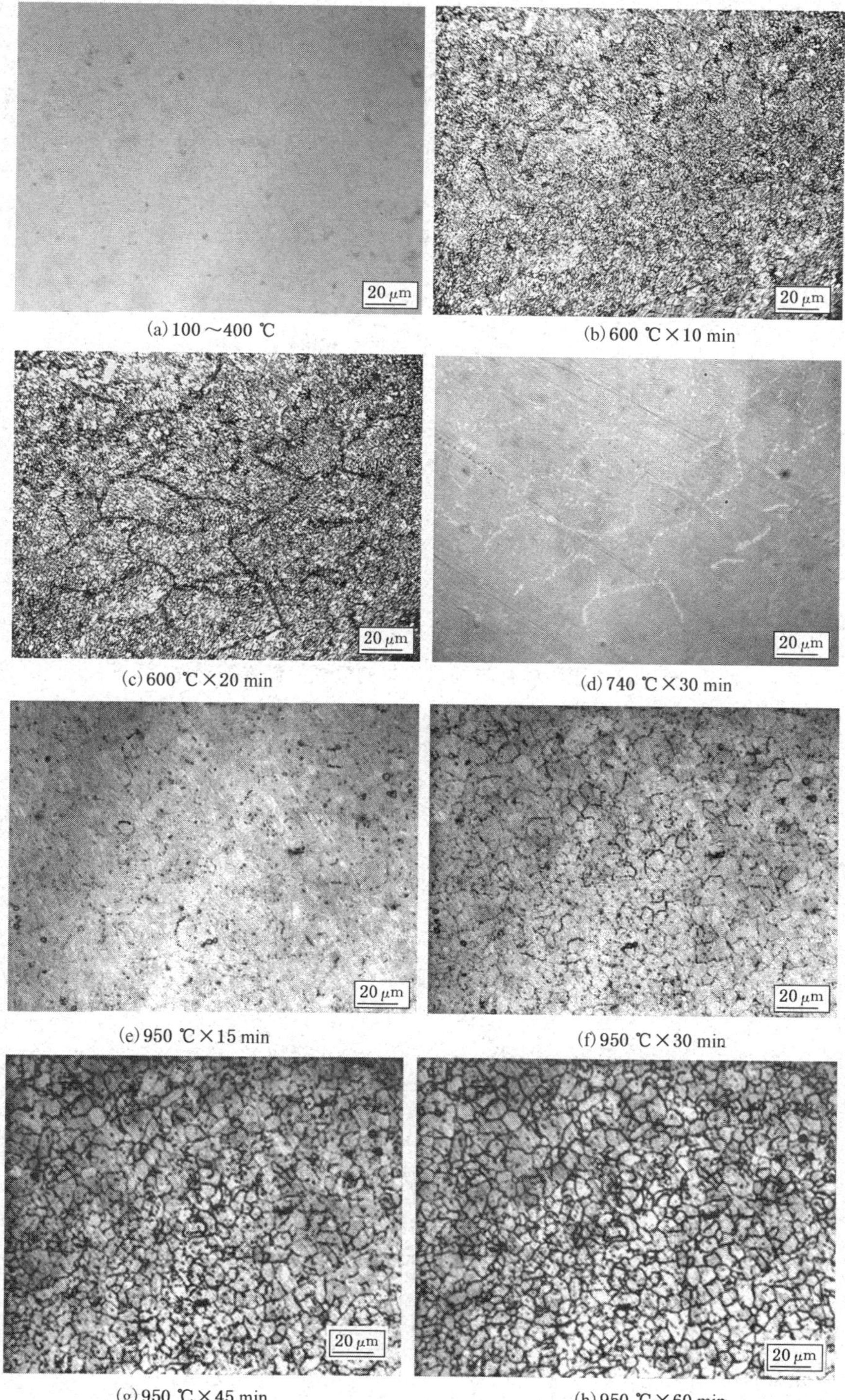

(a) 100～400 ℃　(b) 600 ℃×10 min

(c) 600 ℃×20 min　(d) 740 ℃×30 min

(e) 950 ℃×15 min　(f) 950 ℃×30 min

(g) 950 ℃×45 min　(h) 950 ℃×60 min

图 3-10　冷轧 2 次后的 GH4169 合金高温金相组织演变

3.2.4 性能测试及晶粒细化机制

3.2.4.1 性能测试

将原始 GH4169 合金与细晶 GH4169 合金分别进行室温拉伸实验与纳米压痕测试，图 3-11 和图 3-12 分别为原始板材与细晶板材拉伸性能与硬度的对比图，具体数据如表 3-3 所示。

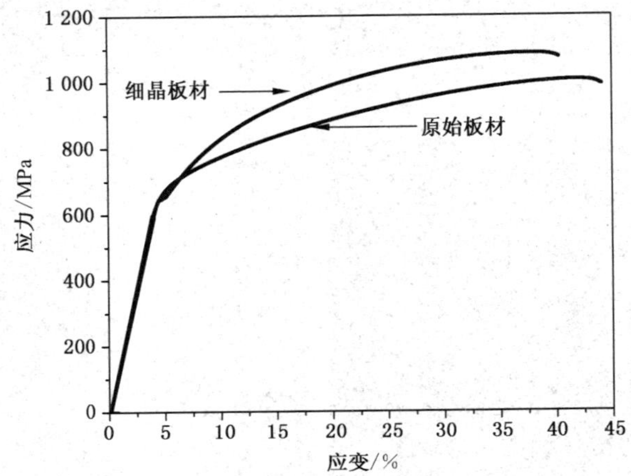

图 3-11 原始板材与细晶板材的室温拉伸性能对比

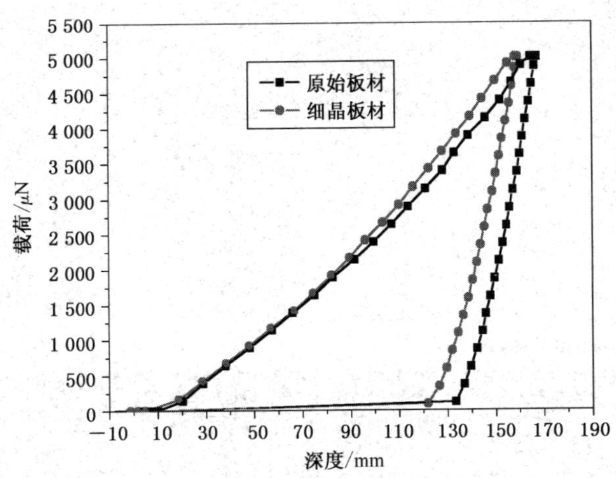

图 3-12 原始板材与细晶板材的纳米硬度对比

表 3-3 GH4169 合金细晶前后性能对比

材料	弹性模量/GPa	屈服强度/MPa	抗拉强度/MPa	延伸率/%	显微硬度/HV
原始板材	194	673	1008	43.6	267
细晶板材	196	645	1156	39.2	275

通过图 3-11、图 3-12 和表 3-3 可以看出，GH4169 合金板材经过晶粒细化处理后，在常温拉伸时，塑性降低，抗拉强度增加，但其屈服强度略有降低，其显微硬度与纳米硬度均有所增加，总体而言 GH4169 合金经过晶粒细化处理后室温机械性能得到增强。

3.2.4.2　晶粒细化原理

在固溶-热锻阶段，合金中各种元素充分均匀地溶解于基体相中，达到降低内应力的作用，低温锻造能够有效地抑制晶粒长大。第一次冷轧变形，形成部分亚晶且在原有大晶粒沿轧制方向被拉长，储存畸变能，为后续晶粒细化提供能量基础。δ 相析出热处理过程得到大量 δ 相，其在退火过程中具有阻碍再结晶晶粒长大，起钉扎作用。

两次冷轧后合金板材内部会积累大量的能量，即合金再结晶的形核能，高温金相实验过程即回复与退火再结晶过程，回复过程主要是减少材料内部缺陷的分布，异号位错合并且相互抵消，位错密度下降，同号位错相互叠加排列形成位错墙，从而形成小角度晶界。此外，大部分位错缠结形成胞状结构，随着退火时间的增长进一步形成亚晶，亚晶作为再结晶形核的核心将会发展为无畸变晶粒。随着保温时间增长，新生成的无畸变晶粒越来越密集，与原畸变晶粒之间存在的能量差再次为再结晶新生晶粒晶界移动提供动力，使新生晶粒晶界发生迁移，从而使无畸变晶粒代替畸变组织，达到晶粒细化的目的。

再结晶晶粒的晶界扩展时，其会遇到基体中的 δ 相，由于 δ 相与基体之间是非共格界面，晶界要越过 δ 相，并进一步扩张需要较高的激活能，并且当再结晶晶粒的晶界移动到 δ 相的另一侧时，会消耗能量，晶界移动的驱动力将大大减小，晶界停止移动，新生晶粒就保持了现有的大小，晶界的迁移受到 δ 相的阻碍而难以继续，最终得到细化的晶粒。

3.3　细晶合金超塑性

3.3.1　基本组织条件

一种合金材料具备超塑性与其化学组成，显微组织如晶粒大小、形状和分布，晶体结构类型以及是否会发生固态相变等有着密切关系，在满足上述某些自身条件时并在适当的实验条件（包括变形温度、加热方式、拉伸速率等）下该材料将会产生超塑性。实现材料超塑性的组织条件如下：

（1）具备细晶组织

一般情况下材料的晶粒尺寸应当低于 10 μm，一般为 0.5～5 μm。

（2）晶粒等轴化

在高温拉伸变形时晶粒将被拉长，在这一过程中晶粒会发生动态再结晶并伴随大量的晶界滑动，而等轴晶粒的晶界在切应力作用下易产生滑动从而促进拉伸行为的进行。

(3) 组织稳定性及第二相粒子

第二相粒子存在在超塑性合金中能够有效地抑制合金在变形过程中晶粒长大的现象。这是由于第二相粒子或夹杂物能够对晶界起到钉扎作用，因而该类合金较单相合金具有更好的晶粒稳定性。

第二相粒子应具备与基体相具有同数量级的强度与硬度，当第二相的强度和硬度高于基体相时，在超塑性变形时第二相粒子会在晶粒基体中产生显微空洞，从而导致过早断裂，第二相与基体相强度相差越大，从而导致该合金超塑性效果越差。

(4) 大角晶界和晶界迁移

超塑性合金的晶粒应具备大角晶界的性质。这是因为大角晶界在塑性变形时受到切应力作用易于发生晶界滑动，这样有利于晶界迁移过程中发生应力松弛。与此同时，晶界迁移在合金超塑性变形过程中能够较好地维持晶粒在变形过程中的等轴特性。

(5) 应变速率敏感性

只有当合金具备较高的应变速率敏感性时其才具备超塑性，应变速率敏感性指数(m)范围：0.3～0.9。

3.3.2 细晶合金组织条件

图 3-13 是退火后的 GH4169 合金 SEM 微观组织。由图 3-13(a)可以确定细晶合金晶粒大小在 4～5 μm 之间，具备超塑性细晶组织条件。在超塑性拉伸过程中晶粒越细，晶界越曲折，越不利于裂纹的传播和发展，塑性变形能够分散在更多的晶粒内进行，且晶粒越细小，晶界总面积越大，晶粒与晶粒之间犬牙交错的机会就越多，有益于超塑性变形。图 3-13(b)表明，相邻晶粒间晶界呈现 120°三角交叉形态，由此可以说明 GH4169 细晶板材晶粒为均匀的等轴晶形态，满足超塑性晶粒等轴化条件。图 3-13(c)中的小颗粒为经过退火处理后的颗粒状 δ 相，弥散地分布在细晶合金内部。

退火后细晶板材的 TEM 形貌如图 3-14 所示。可以观察到在细晶晶界残留着 200 nm 的 δ 相，在 δ 相附近位错以位错列的形式存在。δ 相弥散在晶粒内部表现为钉扎作用，能够增强合金的高温塑性和消除缺口敏感性，满足超塑性合金的组织稳定性及第二相粒子条件。

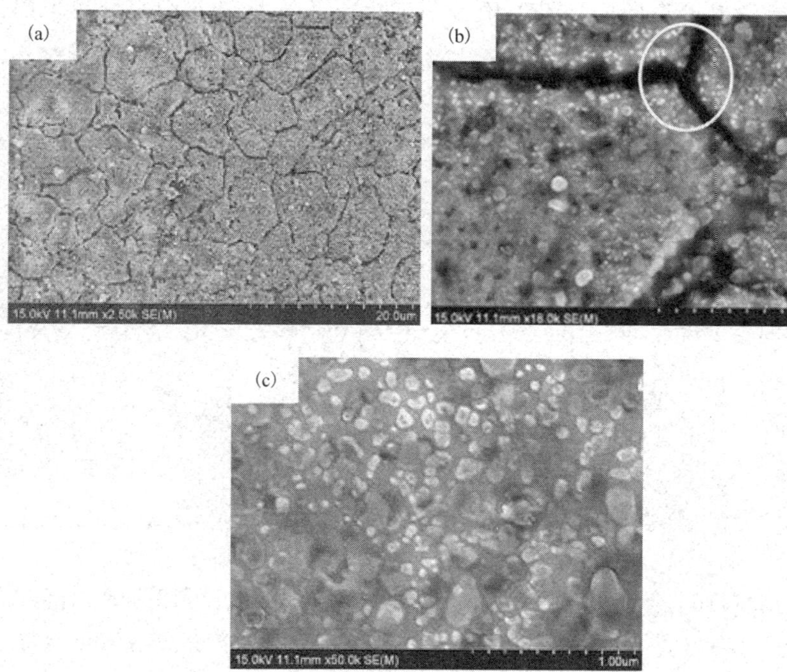

图 3-13　退火后的 GH4169 合金 SEM 微观组织

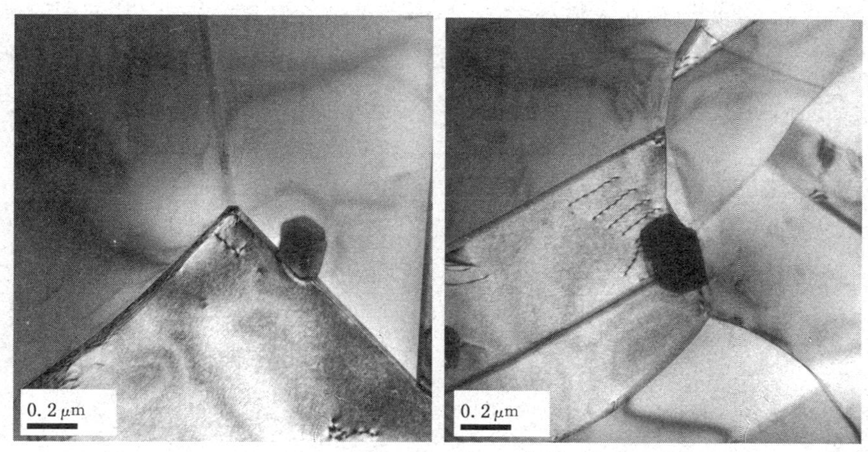

图 3-14　退火后 GH4169 细晶板材的 TEM 形貌

通过 EBSD 技术对细晶 GH4169 合金进行再结晶程度分析，图 3-15 为细晶 GH4169 合金晶粒取向图。晶界迁移需要通过原子沿晶界扩散来进行，并且晶界迁移速率与晶界取向差关系很大，小角度晶界由于能量低，结构相对稳定，很难发生迁移，大角度晶界层错能较高易于滑动，通常采用大角度晶界的含量表征动态再结晶的进行程度；大角度晶界含量越大，动态再结晶越完全，再结晶晶粒体积分数越高。在图 3-15 中仅有少量的小角度晶界,大部分晶粒组织都具有大角度晶界。

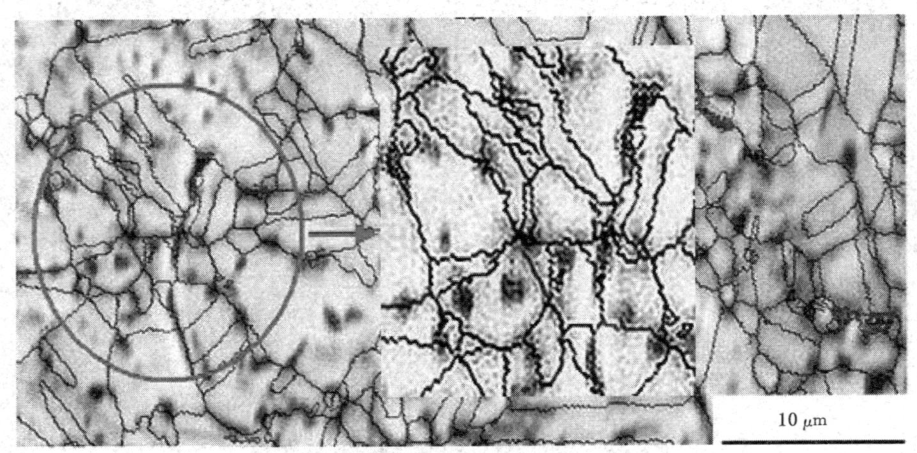

图 3-15　细晶 GH4169 合金晶粒取向图

细晶 GH4169 合金大角度晶粒分布如图 3-16 所示。可以计算出经过退火处理后合金组织中小角度晶界所占比例在 10%左右,而大角度晶界的含量达到 90%,尤其是取向差角度在 60°附近晶粒面积分数最高,达到 45%左右,由此可以确定 950 ℃退火 3 h 后 GH4169 合金再结晶相当完全。退火处理有助于晶界层错能提高,使得空位在晶界处扩散,并促进小角度晶界的迁移,从而向大角度晶界的转变,有利于动态再结晶过程的完成。通过 EBSD 测试技术,能够确定细晶合金具有大角度晶界和晶界迁移特点,满足超塑性变形条件。

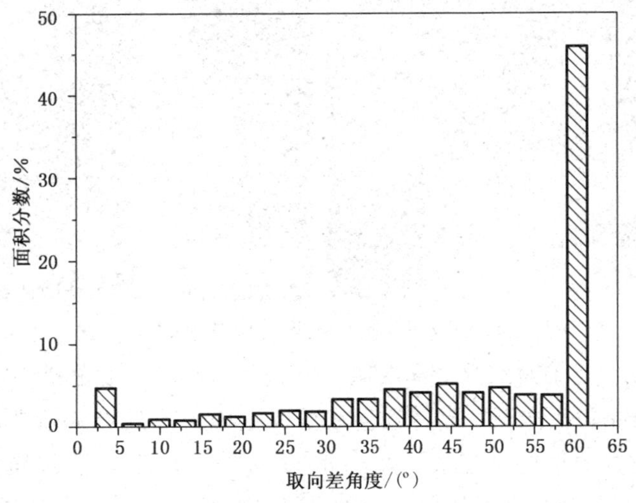

图 3-16　细晶 GH4169 合金大角度晶粒分布

通过上述细晶合金组织条件分析，可以初步确定其具备高温超塑性变形能力。

3.4　常温拉伸与超塑性拉伸关联性

3.4.1　常温拉伸性能

在 900 ℃条件下，将细晶 GH4169 合金与原始 GH4169 合金进行不同时间 δ 相析出处理，试样编号后进行常温拉伸实验，应变速率为 $1.67\times10^{-3}\ s^{-1}$。图 3-17与图 3-18 分别为原始 GH4169 合金和细晶 GH4169 合金的常温拉伸曲线。拉伸结果汇总如表 3-4 所示。图 3-17 中原始 GH4169 合金试样常温拉伸曲线均表现出连续屈服现象。图 3-18 中细晶 GH4169 合金在常温拉伸时表现为屈服平台现象，曲线 1 是未经任何热处理的细晶板材拉伸曲线，其屈服平台尤为明显，通过比较 6 组曲线明显得出 900 ℃热处理时间越长，δ 相含量越高，细晶 GH4169 合金拉伸曲线的屈服平台越小。

表 3-4　GH4169 合金常温拉伸屈服平台效应汇总表

拉伸曲线编号		1	2	3	4	5	6
热处理温度/℃		0	900	900	900	900	900
保温时间/h		0	1	5	10	20	40
屈服平台	原始板材	否	否	否	否	否	否
	细晶板材	是	是	是	是	是	是

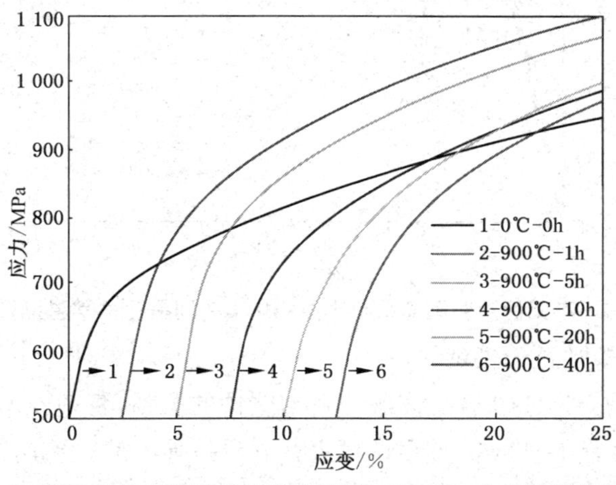

图 3-17　不同体温时间 δ 相析出后原始 GH4169 合金常温拉伸曲线

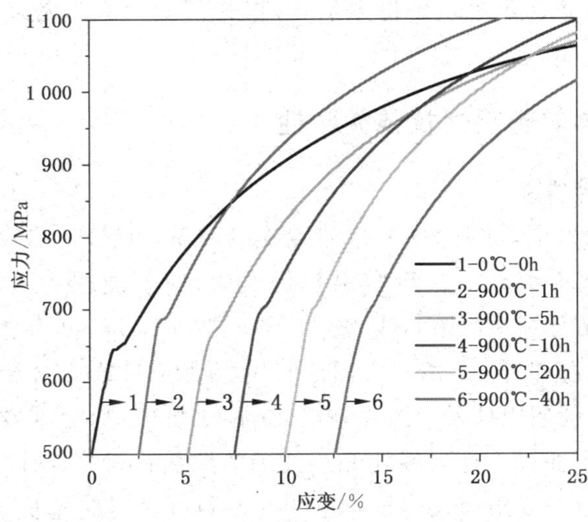

图 3-18 不同保温时间 δ 相析出后细晶 GH4169 合金常温拉伸曲线

图 3-19 是不同 δ 相析出时间后 GH4169 细晶合金常温拉伸曲线。细晶合金经 900 ℃保温后，随保温时间增长，试样塑性依次降低，且各曲线间的延伸率差别明显。细晶合金的 1 号试样延伸率最大为 39.2%，抗拉强度达到 1 156 MPa，6 号试样塑性最差延伸率仅为 24.4%。

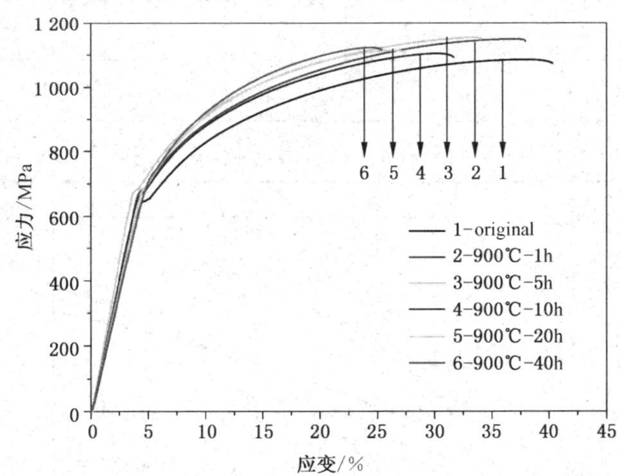

图 3-19 不同保温时间 δ 相析出后 GH4169 细晶合金常温拉伸曲线

3.4.2 高温超塑性拉伸性能

为研究细晶 GH4169 合金屈服平台与塑性的关系，将 900 ℃不同时间 δ 相析出处理后的细晶 GH4169 合金试样进行高温拉伸实验。实验温度为 950 ℃，应变速率为 $1.6\times10^{-4}\,s^{-1}$，拉伸结果如图 3-20 所示。

在图 3-20 中当 δ 相析出时间低于 10 h 时，细晶合金均具有超塑性，并且随

着 δ 相析出时间增加，超塑性降低。当 δ 相析出时间过长，即 δ 相含量过高时，δ 相作为裂纹萌生和发展的通道致使细晶合金塑性急剧下降。

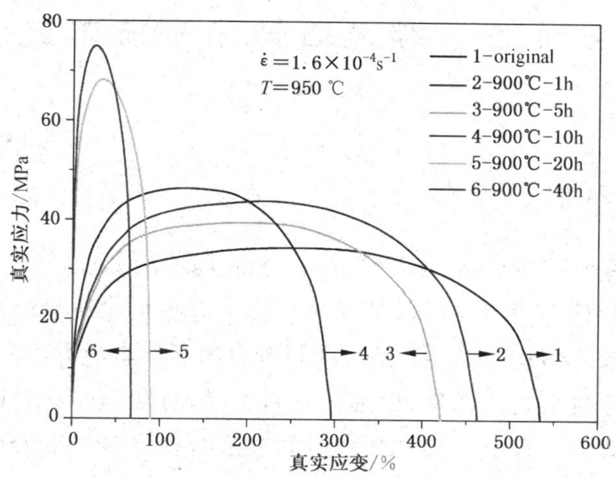

图 3-20　不同保温时间 δ 相析出后 GH4169 细晶合金高温拉伸曲线

表 3-5 为不同 δ 相析出时间下细晶 GH4169 合金拉伸性能比较。结合图 3-17、图 3-18 与图 3-20 对比分析常温与高温拉伸时，不同 δ 相析出时间对细晶 GH4169 高温合金屈服平台长度及塑性的影响。细晶 GH4169 合金的延伸率与屈服平台长度均随着 δ 相含量的增加而减小，常温拉伸时屈服平台越长，GH4169 合金的超塑性越好。由此可见具有适量 δ 相的细晶合金在高温塑性变形时，屈服平台扩展延伸使其具有超塑性，当 δ 相析出时间低于 10 h 时，细晶合金均表现超塑性，且具备呈稳态流变的特点，最大流变应力差为 42.7 MPa。

表 3-5　不同 δ 相析出时间下细晶 GH4169 合金拉伸性能比较

曲线编号	δ 相析出时间/h	常温延伸率/%	屈服平台应变量/%	高温延伸率/%
1	0	39.2	0.82	534
2	1	36.7	0.69	462
3	5	33.5	0.53	420
4	10	30.7	0.48	295
5	20	26.8	0.21	89
6	40	24.4	0.16	68

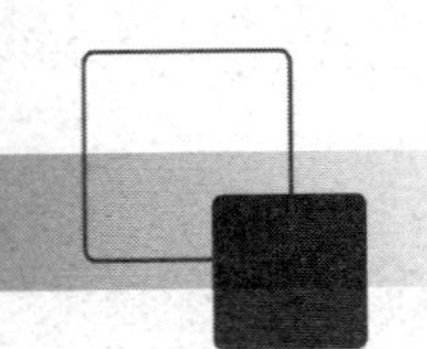

第4章 等通道转角挤压工艺

4.1 工艺概念

等通道转角挤压工艺(Equal Channel Angular Pressing, ECAP)也称为等直径弯曲通道挤压、等径角挤压,是现在制备具有高性能块状的超细晶材料比较有效的塑性变形方法。ECAP是一种制备超细晶材料的方法,主要是通过变形过程中的近乎纯剪切的作用,以细化材料的晶粒,从而使材料的机械及物理性能得到非常显著的改善。ECAP变形方法是制备许多三维大尺寸超细晶材料的一种高效方法,正日益受到广泛重视。

1977年Segal首次提出了等通道转角挤压技术。20世纪80年代初,Segal通过ECAP变形技术进一步对钢的微观组织和变形织构进行了研究。Valiev在90年代初利用该方法实现了对金属材料晶粒的超细化,从此等通道转角挤压技术成为一种重要的大塑性变形方法。图4-1为等径角挤压示意图。在对试样进行等通道挤压变形时,在试样表面涂抹一层润滑剂后将其放入通道,通过施加外在压力使得试样被挤出通道。当试样被挤压到两通道的交截面时,会产生强烈的剪切变形从而产生较大的切应变,所以将会激活更多的滑移系。其工艺特点是在挤压变形前后,试样截面形状和尺寸基本保持不变,因此可以进行多道次大的剪切变形,以此来达到晶粒细化的目的,获得晶粒细小的组织材料,来提高材料的综合性能。在过去的将近20年里,ECAP技术已成为发展最快速的剧烈塑性变形技术之一,采用ECAP技术已成功地对超细晶铝及铝合金进行了制备,同时,在铜和铜合金、镁及镁合金、钛及钛合金方面,也通过ECAP技术成功地制备了超细晶组织的高性能材料。连续弯曲通道ECAP装置的加工原理如图4-1(b)所示。这种加工方法的特点是通道会连续弯曲,一次的挤压相当于好几次传统的ECAP变形,生产效率高。利用这种加工方法可以持续地由进料端送入金属坯料,而在出口处不断得到大变形的金属条棒,和一般的挤加工方式一样。

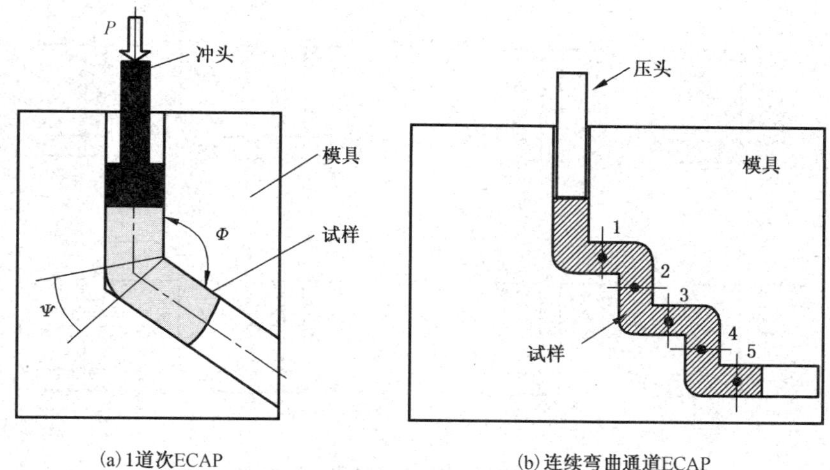

图 4-1　等径角挤压示意图

4.2　变形特点与工艺路线

4.2.1　变形特点

等通道转角挤压法可以将块状材料的晶粒细化到 1 μm 以下，制备出亚微米晶的材料。等通道转角挤压变形是以低压力和加载来实现大的塑性变形的方法，其变形特点如下：

(1) 该方法变形属于纯剪切变形；

(2) 该加工方法的变形均匀，通过变形区的金属试样表现出完全均匀的变形；

(3) 金属变形区域非常小；

(4) 金属的应变速率极大；

(5) 通过多次累积变形，等效真应变能达到很高水平。

4.2.2　工艺路线

ECAP 挤压工艺的路线可分为三种，如图 4-2 所示，A 方式：各个道次之间的试样的挤压方式并没有变化；B 方式：试样在经过每个道次后以 X 面的中轴线作为轴旋转 90°，该方式又可细分为 B_A、B_C、B_A-A、B_C-A 四种；C 方式：试样在经过每个道次之后以 X 面的中轴线作为轴旋转 180°。路径 A 是指挤出的棒材原方位不变，再放入模中进行下一道挤压。B 路径是挤出棒材旋转 90°后，放入到模具中再进行下一道的挤压，其中 B_A 路径是指连续的两次挤压棒材旋转的方向相反，路径 B_C 是连续的两次挤压棒材一直沿同一个方向旋转。路径 C 是棒材每次被挤出后，沿同一个方向旋转 180°再进入下一个道次。

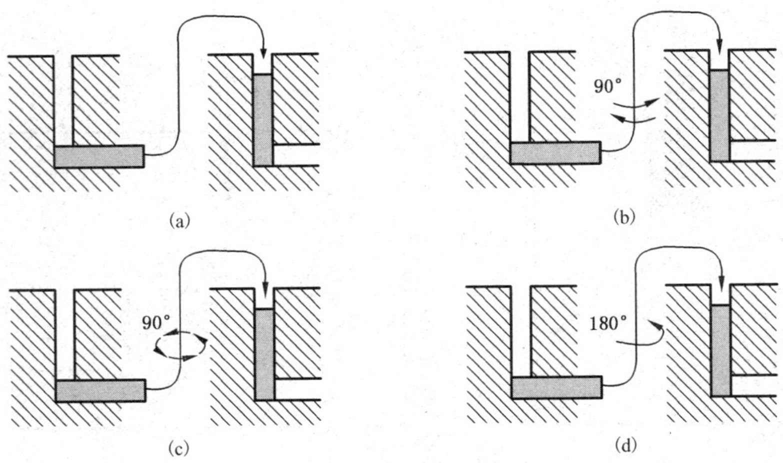

图 4-2　等径角挤压加工路线示意图

图 4-3 为 ECAP 变形过程中材料相互垂直的三个面 X、Y、Z，以下的分析都基于这种标记方法。表 4-1 为 ECAP 变形过程的六种挤压路线的旋转角度及方向。变形过程中，试样在挤压的过程中利用不同的旋转方式开动不同滑移系，从而形成了不同特性的组织结构。

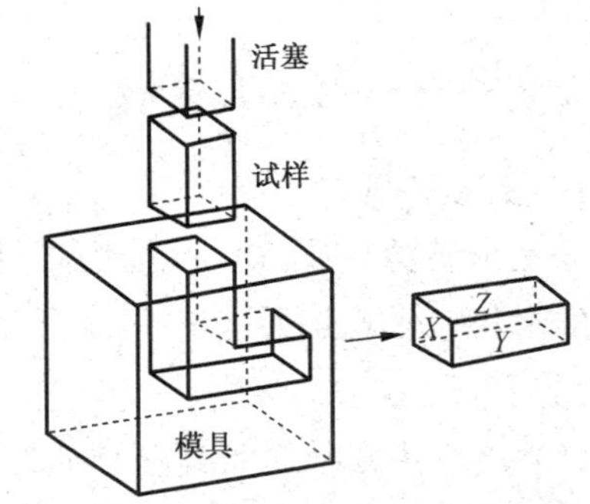

图 4-3　ECAP 过程中 X、Y、Z 面的定义

表 4-1　ECAP 变形过程六种挤压路线的旋转角度及方向

挤压路线	挤压道次数						
	2	3	4	5	6	7	8
A	0°	0°	0°	0°	0°	0°	0°
B_A	90°↖	90°↘	90°↖	90°↘	90°↖	90°↘	90°↖
B_C	90°↖	90°↖	90°↖	90°↖	90°↖	90°↖	90°↖
C	180°	180°	180°	180°	180°	180°	180°
B_A-A	90°↖	0°	90°↘	0°	90°↖	0°	90°↘
B_C-A	90°↖	0°	90°↖	0°	90°↖	0°	90°↖

表 4-2 为 X、Y、Z 面在不同的挤压方式下的剪切特征简化图。从表中可以得出，经路线 A 多道次挤压后的试样在 X、Y 面上的变形较大，Z 面上没有变形。路径 B_A 与路径 A 较为接近，只是在 Z 面上也出现了较大的变形，X 面的

变形呈现反复交错状态；路线 C 经 $2n$（n 为自然数，下同）次挤压后，晶粒便恢复到挤压前的形状；但路线 B_C 在 3 道次挤压以后，晶粒在三个面上都产生了变形，从而使晶粒变形均匀。在 $4n$ 次挤压后，晶粒恢复到挤压前的形状，并且路线 B_C 使所有的滑移系统开动，从而使晶粒均匀破碎；经过路线 B_A-A 挤压的试样，在三个面上都产生了较大的变形，并且随着挤压次数的增加，试样变形更加剧烈；路线 B_C-A 类似于 B_C，每个面上都有较大的均匀变形，在 $8n$ 次挤压后晶粒恢复到原来的形状。

表 4-2　*X*、*Y*、*Z* 面在不同的挤压方式下的剪切特征简化图

路线	面	挤压道次数								
		0	1	2	3	4	5	6	7	8
A	*X*									
	Y									
	Z									
B_A	*X*									
	Y									
	Z									
B_C	*X*									
	Y									
	Z									
C	*X*									
	Y									
	Z									
B_A-A	*X*									
	Y									
	Z									
B_C-A	*X*									
	Y									
	Z									

如上所述，不同工艺路线对晶粒的细化方式和显微组织演化具有不同的影响。许多研究学者在不同的条件下得出了不同结果，在准 $\psi=90°$时，Iwahash 等人认为 B_C 路线比 A、C 路线更具有快速的晶粒细化效果；Furukawa 等人认为各种工艺路线晶粒的细化效果是 $B_C>C>A$ 或 B_A。但当准 $\psi=120°$时，Patlan等人认为晶粒细化效果的大小为 $A>B_C>B_A>C$。

目前，对于以上的观点仍然没有统一形式的解释。一般认为，随着角度的不同、材料的不同、试样大小的不同，最好的晶粒细化路线也会不同。

等通道挤压后材料的微观结构特征是含有高密度位错的大角度晶界以及晶界上的非平衡结构，这种结构是在 ECAP 法所提供的高压、相对较低的温度以及很大的变形下实现的。通过对合金、纯金属和金属间化合物块体材料的等通道挤压，晶粒尺寸细化到亚微米级甚至纳米级，微观组织由粗大的具有小角度晶界的等轴晶转变为细小的具有大角度晶界的颗粒状结构。ECAP 过程中材料的变形机理：首先，在剪切作用下，粗大晶粒被粉碎成一系列具有小角度晶界的亚晶，亚晶沿着一定方向拉长形成带状组织，亚晶带宽度一般为几微米或亚微米，然后，亚晶被继续破坏，开始出现部分具有大角度界面的等轴晶组织。最后，亚晶带消失，显微组织主要为具有大角度晶界的等轴晶组织，晶粒位相差随剪切变形量的增加而增大。文献表明，形变结构影响挤压过程中的晶粒细化，但目前仅有的实验结果还不能归纳出在不同的晶体结构中剪切应变平面对所有材料晶粒细化的影响。

4.3 影响因素

深入研究 ECAP 过程中的工艺参数及模具结构对变形过程的影响，对超细晶材料制备具有重要意义。影响 ECAP 的主要因素有模具结构（包括模腔张力和拐角变化）、挤压道次、挤压路径、变形温度、挤压速度和摩擦状况等。

4.3.1 压力

适当增加背压不仅可以有效防止挤压过程中工件表面产生裂纹，而且可以显著提高材料在流变过程中内部组织的均匀性。由于在 ECAP 过程中模具通道交截处的底部通常会形成一个死区，挤压过程中死区不能受到有效的剪切作用，所以导致变形后工件底部材料的显微结构与靠近轴线部位的组织相比有较大的差异，整体上表现为工件组织的不均匀性。相反，通过适当施加背压，可以有效减小甚至消除死区，尤其对难变形材料来说，ECAP 过程中施加背压减小死区的作用更加明显。

4.3.2 挤压温度

在 ECAP 变形过程中，挤压温度同样也是一个比较重要的技术工艺参数，即挤压的温度越高，越容易加工，变形过程中的回复再结晶的作用就越强烈，晶粒长大的趋势就会越强，会影响最后获得的超细晶组织。相反，挤压的温度越低，试样的加工硬化现象会越严重，加工就会相对困难，但是可非常有效地细化材料晶粒。

对于一些强度和硬度都比较大的材料（如镁合金等）进行 ECAP 时，挤压温度同样是必然要考虑的因素，否则就会出现许多开裂的现象，并可能损害模具。

4.3.3　挤压速度

Morris 等人对纯铝和铝-镁合金进行研究，首先进行了一定的热处理工艺，并测得初始晶粒的尺寸分别为 1.0 mm 和 500 μm，经 ECAP 加工，挤压速度是 10^{-2}～10 mm・s^{-1}不等。经过实验，挤压的速度对平均的晶粒尺寸并无很显著的影响；纯铝挤压后的平均晶粒尺寸为 1.2 μm，铝-镁合金的平均晶粒尺寸为 0.5 μm。但是，挤压速度影响的微观组织的精细结构却不能忽视。在相对较低的挤压速度下往往更能产生晶粒回复，这是由于在相对较低的挤压速度下，晶粒回复过程用的时间相对变长，而且此时的显微组织也会趋于平衡，最后获得的组织也会比较稳定。但是挤压速度较大时，晶粒回复过程的时间也就会相对变短，最终得到组织的不稳定因素也会较多。

4.3.4　挤压道次

ECAP 加工的前 1～3 次，材料强度和硬度会快速增加，主要是由于加工硬化的影响，晶粒长径比增加，同时产生织构。当道次数再增加时，强度和硬度的增加会变得缓慢，但由于应变积累，晶粒会被显著地细化。

4.3.5　摩擦因数

ECAP 变形与其他塑性变形方法一样，试样与模具之间也会产生阻碍金属流动的摩擦阻力，摩擦对变形过程及试样组织的均匀性有很大的影响。在坯料尺寸相同的情况下，随着摩擦因数的增加，坯料横截面上的等效应变略有增加。随着摩擦因数的增大，所需要的最大挤压力急剧增加，应变的均匀性变差，模具的应力也在增大，不利于晶粒细化。当摩擦较小时，变形区主要集中在转角中心部位；当摩擦较大时，变形延伸到转角之后，并且区域扩大。因此，为改善 ECAP 挤压过程，应尽量适当减小摩擦因数，可采用二硫化钼（MoS_2）和机油等润滑物质。

随着挤压的进行，试样不断将变形区的润滑剂挤走，润滑越来越差，摩擦阻力越来越大。随着摩擦阻力的增加，扇形角 U 增大，使变形死区增大，从而使底部的滞变区也逐渐增大。通过改善挤出通道的摩擦可以有效地减小死区，使材料在变形后的组织更加均匀。ECAP 过程中，压入通道中的摩擦应当控制在一定范围之内。有关摩擦对材料形变过程和组织的影响还有待进一步研究。

4.3.6 试样的大小

直径尺寸在6～40 mm之间的铝合金试样在室温下进行ECAP加工实验的结果说明,超细微观组织在被加工后的力学性能及原始的试样尺寸大小关系并不是很大,所以可忽略此影响因素。但是对大尺寸试样(比如40 mm),ECAP加工时所需要的压力较大,对模具的要求也较高,同时,ECAP加工后,其中轴线附近和边缘附近的微观组织差异较大。

4.3.7 挤压过程中的残余试样

通常采用ECAP法进行的实验为非连续性挤压,其试样的尺寸是有限的,根据ECAP模具的结构特点,试样在受到挤压后会由于模具内壁与它发生的摩擦作用而不容易被取出,这就需要放置下一根试样,凭借其挤压力的作用来将前一根试样顶出。前一根试样相对于后一根试样便称为残余试样,残余试样会改变挤压的条件,必然也会影响随后进行挤压的试样。残余试样的存在改变了挤压材料的外形,对随后试样的流动起到了阻碍作用,因而使挤压载荷大大增加;但是改善了材料在模具内的填充,提高了材料应变分布的均匀性;不同道次的残余试样对结果也可能产生不同程度的影响。目前对残余试样影响作用的研究并不多,仍需要通过进一步的实验研究以得到更为明确的分析结果。

4.4 总应变的计算

从目前的资料来看,国内外ECAP实验用模具拐角一般在90°～150°,按照Segal给出的不考虑摩擦条件下的总应变,试样变形前后的形状和尺寸不发生改变,因而可以进行多次变形来增大变形量。

将ECAP挤压过程简化为图4-4所示,整个结构由三部分组成,即模具A、模具B和固定平面C。模具A与平面C构成挤压的第一通道,模具A与模具B之间构成挤压的第二通道。假设模具A与待挤压工件之间为光滑面,无摩擦。平面C与待挤压工件间尽可能增大摩擦。第一步,待加工工件放置于第一通道,对模具A施加压力N,使工件保持静止;第二步,对模具B施加推力P,使模具B带动模具A沿P方向移动一个步长ΔS,从而待挤压工件通过挤压角进入第二通道ΔS的长度;第三步,释放压力N以及推力P,并拉动模具A、模具B回到初始位置;此时一个ΔS长度的工件挤压完成。重复这一过程,直到工件全部挤压完成,即完成了一个道次的挤压。进行多个道次的挤压,即可实现多道次的大塑性变形。

图4-4中虽然以工件与模具之间的相互作用力代替了等通道挤压方法的端面压力,转换了对挤压过程的驱动方式,但工件在挤压过程的受力情况与传统

的等通道挤压法基本相同。由于整个挤压过程,工件的金属流动相对稳定并且在同一个平面上,因此可以将该过程简化为理想刚塑性体的平面剪切应变问题,采用滑移线法,可以有效地分析工件在大变形区内部应力应变,快速确定剪切平面与剪切方向。

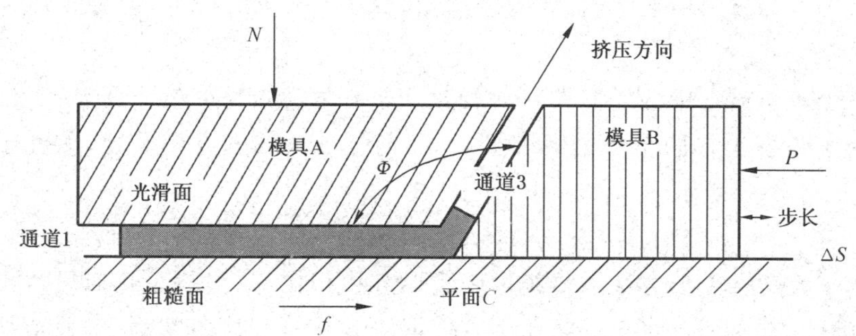

图 4-4　等通道挤压过程简化示意图

由于挤压过程中工件与固定平面 C 之间的摩擦力方向与工件在第一通道前进的方向一致,而非阻力方向,同时工件上表面与模块 A 之间无摩擦力,因此采用滑移线场时可以忽略摩擦条件,建立等通道挤压过程的滑移线场和速度矢量图,如图 4-5 所示。

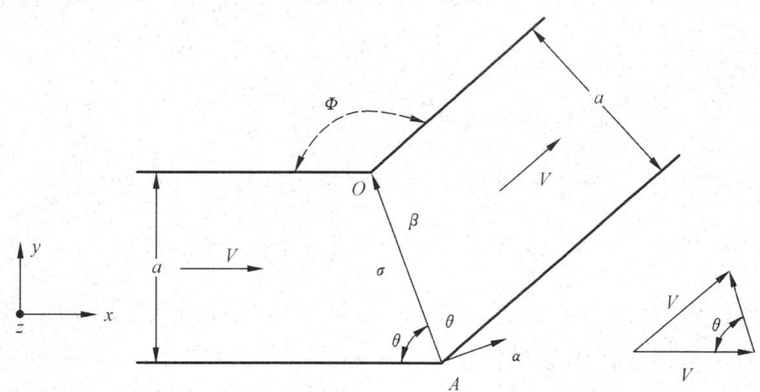

图 4-5　等通道挤压过程中工件金属流动与速度分析图

根据变形过程的几何特征,建立 xyz 坐标系,工件的挤出方向为 x,工件的法线方向为 y,工件的横向为 z,对于薄板这种宽厚比较大的工件,在形变过程中横向流动较小,此处为了简化计算,设定工件的塑性流动仅发生在与 z 轴垂直的坐标平面(xy)上,同时挤压工件在两个通道的速度均为 V,α 滑移线可忽略,则塑性变形区是在两个通道交接面上的一条 β 滑移线 AO。在第二通道的出口处没有对挤压工件施加作用力,所以沿 AO 的主应力 σ 和单位挤压驱动力 p 分别如公式(4-1)、(4-2)所示:

$$\sigma = -k\cot\theta \tag{4-1}$$

$$p = -2k\cot\theta \tag{4-2}$$

$$k = \frac{\sigma_s}{\sqrt{3}} \tag{4-3}$$

其中 k 为材料剪切强度，Φ 为挤压角，θ 为挤压角的一半，σ_s 为挤压工件的屈服强度。

整个挤压过程中的形变即可认为是 xy 平面上的简单剪切变形，工件的塑性应变 γ 只发生在两个通道的交截面处，与 β 滑移线的方向重合，取决于挤压角，如公式(4-4)所示：

$$\gamma = 2\gamma_\beta = 2\cot\theta \tag{4-4}$$

由于大塑性变形方法与传统加工成形方法相比，加工前后几何尺寸不发生变化，因此，有必要计算出等效应变。根据 Von Mises 屈服准则，等通道挤压方法单道次的等效应力 σ_i 和等效应变 ε_i 分别如公式(4-5)、(4-6)所示：

$$\sigma_i = \sqrt{3}k \tag{4-5}$$

$$\varepsilon_i = \frac{2}{\sqrt{3}}\cot\theta \tag{4-6}$$

由于 $\theta = \frac{\Phi}{2}$，因此通过 N 次挤压变形后横截面上的总应变可以用下式计算：

$$\varepsilon_N = \left(\frac{2N}{\sqrt{3}}\right)\cot\frac{\theta}{2} \tag{4-7}$$

Iwahashi 等人综合考虑外角 Ψ 的影响提出修整后的关系为：

$$\varepsilon_N = \frac{N}{\sqrt{3}}\left[2\cot\left(\frac{\theta}{2}+\frac{\Psi}{2}\right)+\psi\csc\left(\frac{\theta}{2}+\frac{\Psi}{2}\right)\right] \tag{4-8}$$

依此可以计算出应变关系，不同的模具拐角在单道次挤压后的变形量不同，较小的模具拐角在单道次挤压后具有相对较大的应变量，但是较大的模具拐角通过增加挤压次数可以达到与小拐角模具等同的累计应变量。不过材料通过较小的模具拐角时发生的变形抗力相对较大。

研究发现，模具拐角较大的模具挤压出的试样，尽管可以经过多道次挤压达到与拐角较小模具相同的应变，但是难以产生超细晶粒。相反，拐角值越接近 90°，通过通道一次所产生的应变越大，越容易产生具有大角度晶界的细晶结构。所以在挤压过程中应该综合考虑材料特性、变形抗力、挤压温度和挤压速度等多方面的因素。

为了清楚地解析工件完成大塑性变形的驱动力，可以将挤压工件放置于模具中，当开始挤压时，其主要受力为来源于模块 B 的水平方向的有效推力 P'，来源于模块 A 的垂直方向的有效压力 N'，以及与平面 C 之间和挤压方向相同的静摩擦力 f，如图 4-6 所示。因此，当推力 P' 不大于工件的最大静摩擦力 f_{max} 时，推力 P' 与静摩擦力 f 相等，工件将保持静止，而模块 A 由于与工件之间摩擦力为 0，且受到工件在两通道交截面处的对 A 的作用力，将沿第一通道反方向移动，同时，由于模块 B 与平面 C 之间的摩擦力可以忽略，如果模块 B 所受的推力 P 能够超过工件在两通道交截面处对 B 作用力在水平方向的分量，它也将沿第一通道反方向移动，此时，即实现了工件的挤压。因此挤压过程的驱动力为工件在水平方向所受的静摩擦力 f，且大小等于有效推力 P'，即公式(4-9)所示：

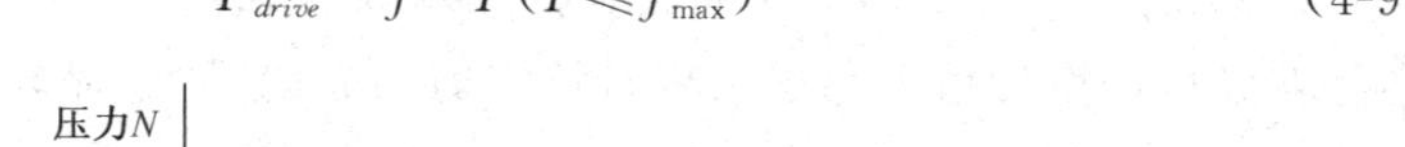

$$P_{drive}=f=P(P\leqslant f_{max}) \tag{4-9}$$

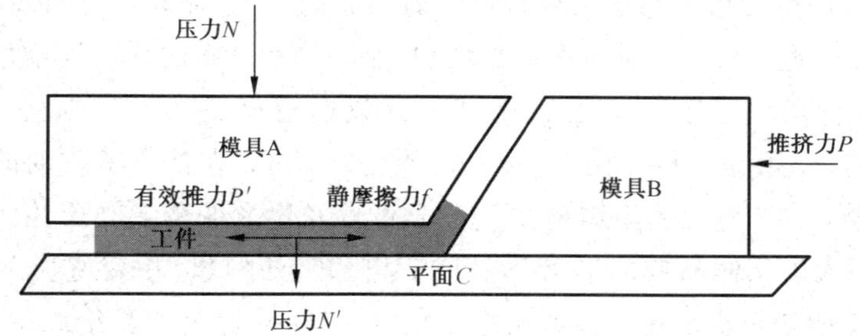

图 4-6　挤压工件受力图

4.5　ECAP 法目前存在的问题

ECAP 法目前存在以下的问题：

(1) 塑性差的材料难以通过 ECAP 细化晶粒。若对塑性差的材料 ECAP 处理，只有在高温下进行，才能使材料获得一定的塑性以保证变形过程中不开裂。但在高温下一般模具材料的刚性和强度难以达到要求。

(2) ECAP 的生产效率不高。实验结果表明，为了使材料晶粒细化或获得更好的性能，一般要经历多次 ECAP 挤压。但 ECAP 过程本身是不连续的，每次过程中间需要人工操作。

(3) ECAP 模具成本较高。ECAP 挤压过程中模具的磨损比较大，并且模具结构较为复杂，转角部位加工难度大。

(4) 制备材料尺寸不太大。随着试样体积的增大，使试样变形就需要更大的压力，模具的工作条件也更加恶劣。

(5) 实验原材料浪费比较严重。试样挤压后会沿挤压方向伸长，当伸长的试样再进行 ECAP，容易发生开裂、脱落，导致材料浪费。

(6) 试样表面质量会受影响。实验一般采 MoS_2 作为润滑剂，试样在挤压

后表面会挤入黑色 MoS_2 颗粒，表面清洁程度会受到影响。

4.6 ECAP 材料的组织与性能

4.6.1 ECAP 对材料组织的影响

在挤压过程中晶粒的细化分为三个过程：首先粗大晶粒被粉碎成一系列具有小角度晶界的亚晶，亚晶沿着一定方向拉长形成带状组织，亚晶带宽度一般为微米或亚微米；然后亚晶被继续破坏，开始出现部分有大角度界面的等轴晶组织；最后，亚晶带消失，显微组织主要为具有大角度晶界的等轴晶组织。

纯铝经过一次 ECAP 挤压变形后，部分原始晶界沿剪切变形方向伸直，等轴晶粒经剪切变形后以片层结构沿特定剪切方向排列，晶粒内部可观察到大量尺寸约 1 μm 的亚晶。随挤压次数的增加，亚晶尺寸分布的均匀性增加，且亚晶形貌趋于等轴状，在 4 道次之后亚晶择优取向逐渐消失。纯钛经过 4 道次 ECAP 工艺，原始晶粒尺寸由 28 μm 细化到 250 nm，在伸长率改变的同时，强度显著提升。304 奥氏体不锈钢在 ECAP 过程发生形变诱导马氏体相变，新相 α' 在原始粗大奥氏体晶粒的形变孪晶或 ε 相富集处形核，相变遵循 K-S 关系。而 Twip 钢 ECAP 变形过程在原始粗大的 5～20μm 退火孪晶组织中产生细小的 10～35 nm 的形变孪晶，因形变孪晶的相互交割以及位错在形变孪晶界的大量塞积而产生很高的加工硬化率，抗拉强度从 585 MPa 增至 810 MPa，而伸长率由 80.5%显著下降为 3.5%。再分别经过 850 ℃和 1 000 ℃退火，形变孪晶长大至 1～5 μm 或 8～32 μm，并获得更为优异的综合力学性能。

高纯铝经 A、B 和 C 等不同挤压路线挤压后，亚晶尺寸均可细化至 0.4～0.5 μm。路线 B 变形过程中剪切面与剪切方向多，有利于形成等轴晶结构，其中路径 B_C 还有助于消除挤压一次后形成的拉长纤维状组织，促进亚微米尺寸晶粒结构的形成。对于面心立方金属，其滑移面{111}之间夹角为 70.5°，在各种挤压路径中，相邻挤压道次的剪切面交角越接近 70.5°，则细化效果越明显。

经过 ECAP 多道次挤压后，由于金属累积变形量大，形变储能高，导致再结晶临界温度降低，即在相对较低温度下即可发生再结晶，从而细化其组织。如纯铜经路线 B_C 在室温下挤压 8 道次后，在 120 ℃恒温退火，即可发生静态再结晶。高纯铝经过多次挤压后，在室温下即可发生再结晶，而金属铝常规变形后的静态再结晶温度约 300 ℃。

4.6.2 ECAP 对材料性能的影响

随着挤压道次的增加，高纯铝硬度和强度提高，尤以第 1 次挤压后增量最为明显，随着挤压道次进一步增加，硬度和抗压强度增幅趋势减缓，当累积真应变超过 3～4 后，硬度趋于饱和或略有下降。经 ECAP 挤压与适当热处理后，

7050 和 2224 铝合金力学性能显著提高，7050 合金抗拉强度可达到 616 MPa，伸长率为 17%，2224 合金抗拉强度可达到 618 MPa，伸长率为 12%。

纯铜经 ECAP 后具有高的屈服强度，挤压的温度越高，试样硬度及屈服强度越低，比如纯铜经过路线 B_C 分别在室温和 100 ℃下挤压 8 道次后，其硬度会分别为 140 kg/mm^2 和 128 kg/mm^2，屈服强度分别为 380.2 MPa 和 350.6 MPa。经过上述两种工艺制备的超细晶的铜合金在阶梯升温及等温退火的低温热处理的过程中，随着温度上升或者时间的延长，均会出现硬度下降的现象。随着退火时间的增加，室温挤压试样屈服强度降低，而塑性提高。这是因为纯铜经 ECAP 后，其所产生的大角度的晶界分布不均匀，而且纯铜的层错能低，位错不易发生交滑移和攀移，从而使得回复过程软化程度不足，不能使材料释放内部过高的形变储能，所以在低温等温退火过程，通过静态再结晶来消除剧烈的加工硬化，从而造成屈服强度降低和塑性改善。

4.7　典型材料的等通道挤压

镁合金具有密排六方结构，塑性差，冷成形困难，因此通过常规的塑性变形手段很难实现晶粒细化而获得超细晶组织。然而，采用 ECAP 可以有效地实现镁合金晶粒的细化和组织的均匀化。图 4-7 所示为经过统计的 ECAP 变形 AZ31 镁合金的屈服强度与平均晶粒直径的相关性。可见，合金随着晶粒的细化，屈服强度降低，呈现明显的反 Hall-Petch 关系。其他有关 ECAP 变形 AZ31 镁合金的数据统计表明，所有的 ECAP 变形合金都明显呈现反 Hall-Petch 关系。

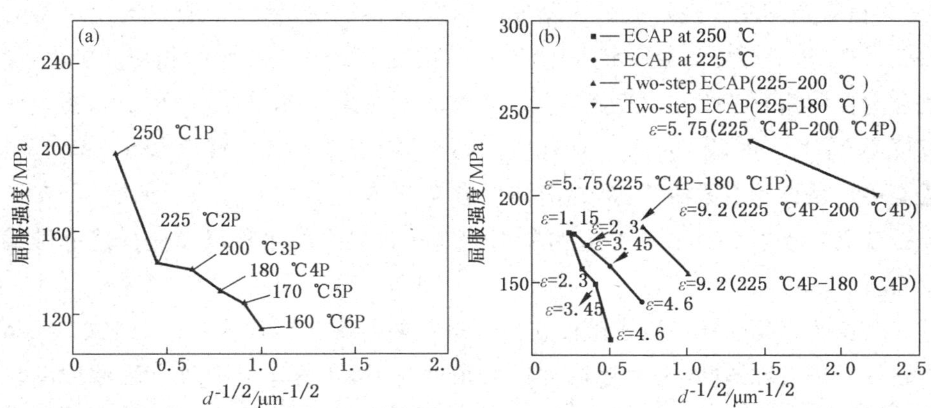

图 4-7　给定变形温度下 ECAP 变形对 AZ31 变形镁合金屈服强度和晶粒直径的关系

图 4-8 为 AZ31 镁合金 ECAP 变形前后晶粒组织。图 4-8(a)显示挤压态 AZ31 镁合金晶粒度较大，平均晶粒度为 30 μm，图 4-8(b)显示 ECAP 变形后晶粒明显细化，平均晶粒度为 3 μm，并且晶粒取向分布更加分散和均匀。

图 4-8　AZ31 镁合金 ECAP 变形前后晶粒组织

镁合金由于获得了超细晶组织,因此在一定温度下具有很好的超塑性能。如采用 ECAP 制备的 AZ91 镁合金晶粒尺寸为 1 μm 左右,在 200 ℃获得了 661%的超塑性。在研究中发现,ECAP 挤压可使 AZ31 镁合金在室温下获得约 50%的高伸长率。经过 ECAP 挤压的 AZ31 镁合金(模角为 120°及 90°、应变量为 8)在室温下的伸长率高达 45%～55%,与挤压态 AZ31 镁合金相比:(1) ECAP态 AZ31 镁合金的屈服强度与晶粒度之间表现出明显的反 Hall-Petch 关系;在室温拉压实验中,拉压不对称性明显减弱;合金在室温压缩时表现出应变速率敏感性,并随着变形温度升高,应变速率敏感性指数增大。(2) 挤压态 AZ31 镁合金平均晶粒度为 20 μm,织构为典型的挤压丝织构,挤压态 AZ31 镁合金的主要变形方式为基面位错滑移和孪生,导致了明显的拉压不对称性;ECAP 变形后晶粒明显细化,平均晶粒度为 1～2 μm,织构相对随机化,导致合金在压缩时孪生比率明显下降,其他变形模式比率增加,提高了压缩时变形抗力,降低了材料的拉压不对称性。(3) ECAP 态 AZ31 镁合金在压缩时激活能接近晶界扩散激活能,晶界滑移对合金整体变形行为有重要的影响,在一定程度上导致了 ECAP 态合金的反 Hall-Petch 关系的出现以及应变速率敏感性的增强。

晶粒的细化主要是由于基面在挤压过程中的旋转导致剪切应力集中,在晶界处的晶格出现扭转,进而形成大量大角度晶界,在剪切应力集中区域的晶粒得到明显的细化,如图 4-9 为 AZ31 合金在大塑性变形过程中的晶粒细化机理示意图。而对应力集中区域的晶粒细化效果,Valle 用连续动态再结晶进行解释,位错的集结与交滑移形成包状组织,而随着应力集中的继续,亚晶界出现并移动而形成大角度晶界,晶粒得到细化,如图 4-10 为剪切应力集中区域晶粒连

续动态再结晶示意图。

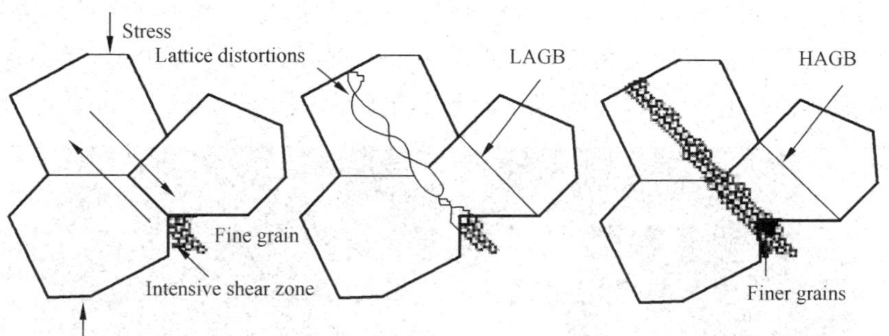

图 4-9　AZ31 合金的晶粒细化机理示意图

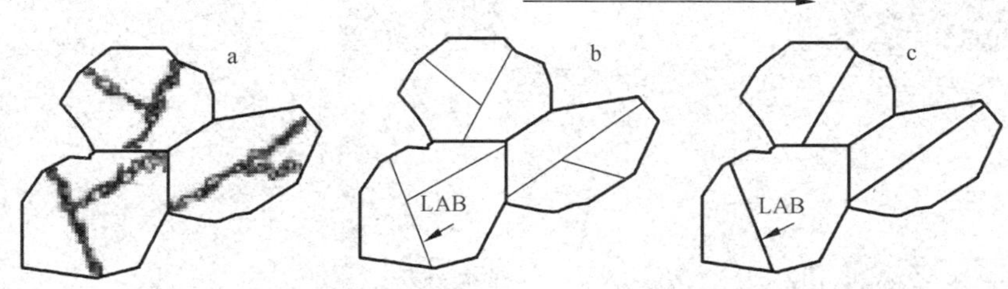

图 4-10　剪切应力集中区域晶粒连续动态再结晶示意图

图 4-11 为 AA6063 铝合金 ECAP 挤压制备材料的亚微米微观结构 EBSD 分析图，AA6063 铝合金经过 6 道次 ECAP 挤压后，平均晶粒尺寸 530 nm，小于 1 μm，达到亚微米级结构。

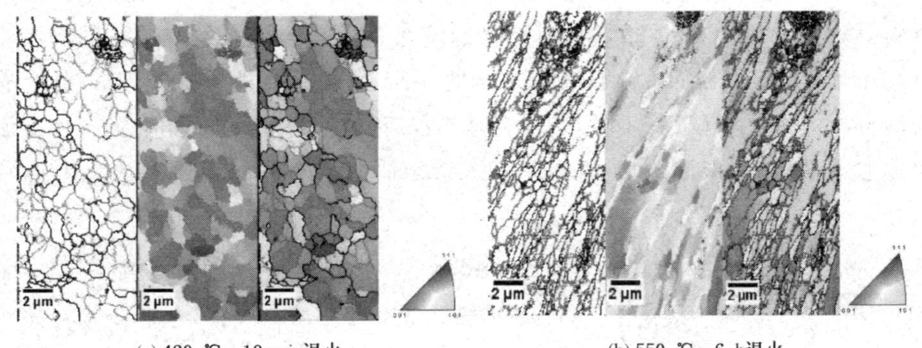

(a) 420 ℃，10 min退火　　(b) 550 ℃，6 h退火

图 4-11　6 道次 ECAP 制备 AA6063 铝合金 EBSD 亚微米结构

图 4-12 为 6061 铝合金 ECAP 变形后材料的 TEM 图像及衍射花样。由图 4-12可知：6061 铝合金经 ECAP 工艺挤压 1 道次后形成条状的位错胞及亚晶粒，并在亚晶粒内部可观察到高密度位错缠结（见图 4-12 (a)）；4 道次后等轴亚晶粒开始出现并逐渐增多（见图 4-12 (b)）；8 道次后亚晶粒内部的位错密度

大量下降，并在随后的12道次挤压变形后材料的亚晶粒尺寸变为0.3～0.4 μm(见图4-10(c)和(d))；同时，通过衍射斑点随道次的增加而不均匀的趋势表明，亚晶粒数量及亚晶界间的角度取向差随着挤压道次增加不断增加，从而进一步形成新晶界或转化为已存亚晶界中的新位错。

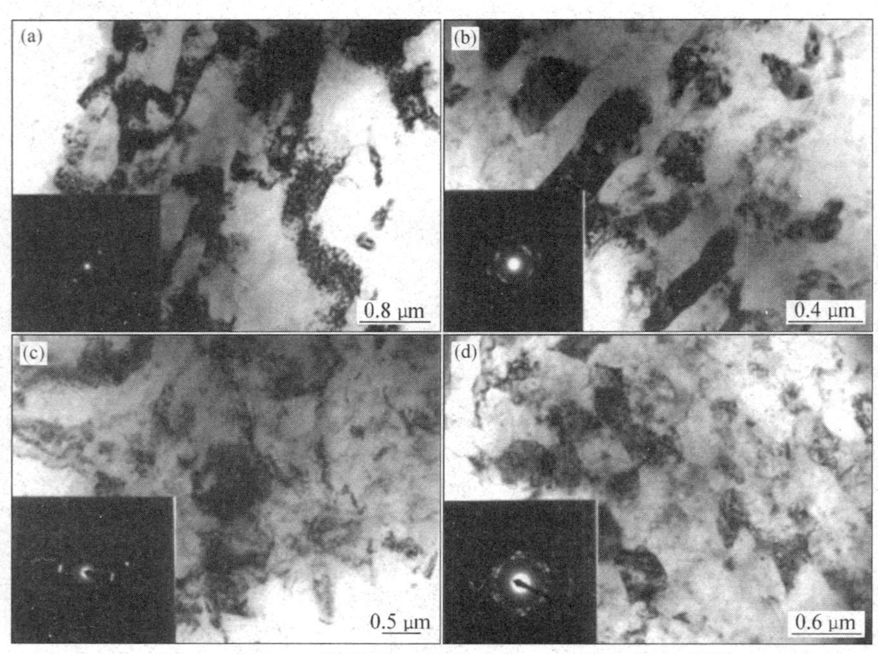

图4-12　ECAP变形6061铝合金的TEM像及衍射花斑

图4-13为等通道挤压Ti6Al4V合金的TEM形貌，从图中可以看出，原始材料晶粒尺寸粗大，经4道次挤压后降低至0.3 μm，经8道次挤压后，晶粒尺寸进一步细化，等轴形亚晶粒逐渐增多。图4-14为等通道挤压Ti6Al4V合金的极图分析，从图中可以看出：原始材料基本没有极性，极密度最大值为2，经4道次等通道挤压后，极性明显增大，8道次挤压后，极性很强，极密度最大值达到3.46。

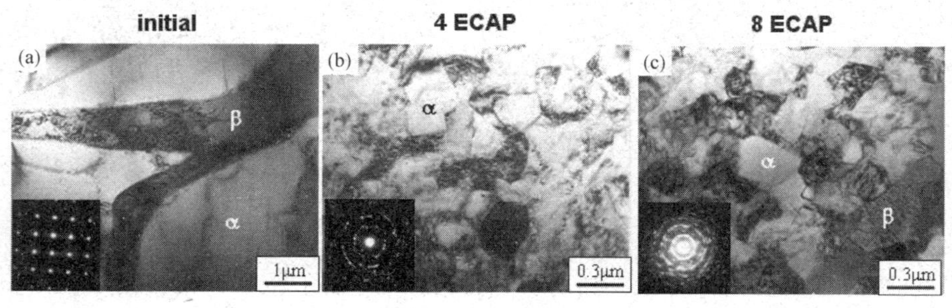

图4-13　等通道挤压Ti6Al4V合金的TEM形貌

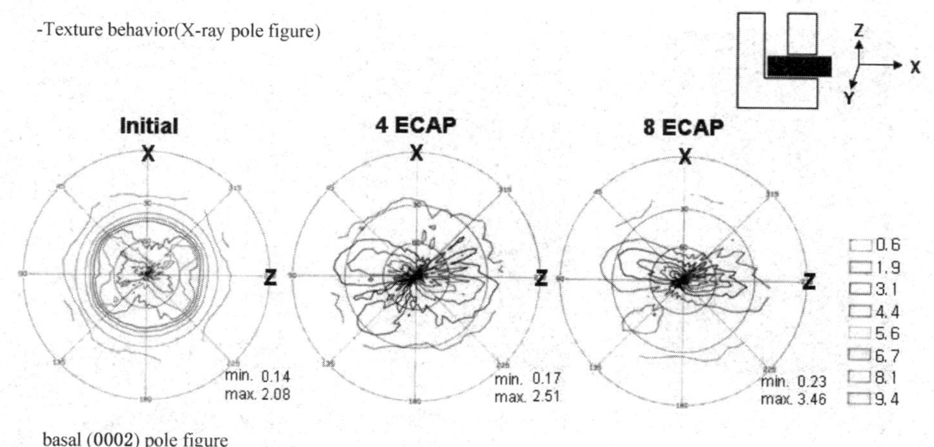

图 4-14　等通道挤压 Ti6Al4V 合金的极图分析

4.8　等通道挤压工艺的有限元模拟

4.8.1　有限元模型

采用有限元分析软件 ABAQUS 模拟圆柱形试样在 ECAP 过程中的变形分布。由于对试样进行两次连续挤压，可以将目前常采用的四种挤压路线简化为三种，其中路线 B_A 和 B_C 相同，即第二次挤压均是在第一次的基础上将试样绕其轴向旋转 90°。建立三种不同的有限元模型，模拟试样两次挤压中分别绕其轴向旋转 0°、90°和 180°时试样中的变形分布情况。为了简单起见，将这三种路线分别记为 0° rotation、90° rotation 和 180° rotation。图 4-15(a)、(b)及图(c)分别给出这三种有限元模型的示意图。这里需要说明的是，采用 0° rotation 和 180° rotation 两种路线时，整个模型仍具有对称性。与单次挤压模型一样，将这两种路线的有限元模型沿对称面取一半研究；而 90° rotation 路线的模型不具有对称性，因此在有限元模拟时对整个模型未作任何简化。

在模拟中，挤压通道横截面为圆形，直径 8 mm，各模型的两个挤压通道弯角几何尺寸相同，其中内交角 $\Phi=120°$，外接弧长交角 $\Psi=20°$。为了保证连续挤压过程中每一次挤压均能够使试样充分变形，两挤压弯道之间的距离必须选择合理，根据单次有限元模拟结果，试样中的各质点在进入挤压通道弯角约 10 mm后变形达到最大值，在此之后，各质点的应变不再发生变化。因此，在连续挤压有限元模型中，取两挤压弯道的间距为 16 mm，能保证试样中各质点经历第一次挤压后的应变达到单次挤压时所能达到的最大值。在模拟过程中挤压模具设为刚体。

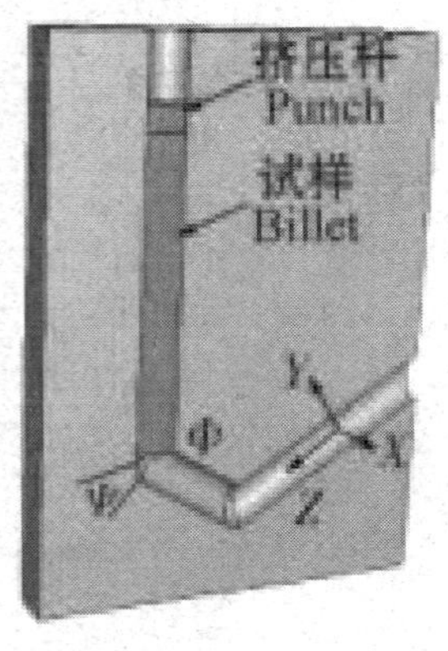

(a) 0° 旋转挤压路线

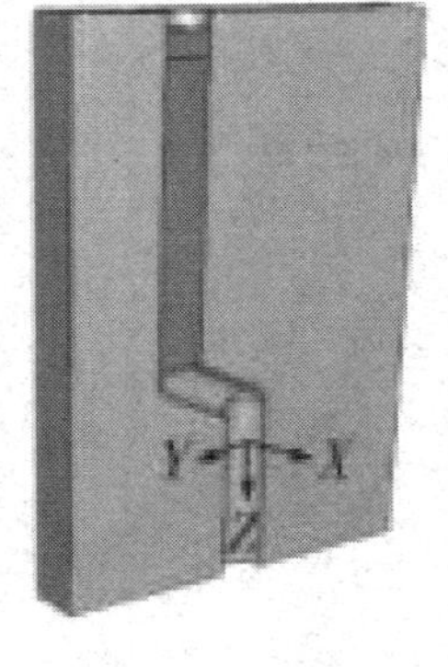

(a) 180° 旋转挤压路线

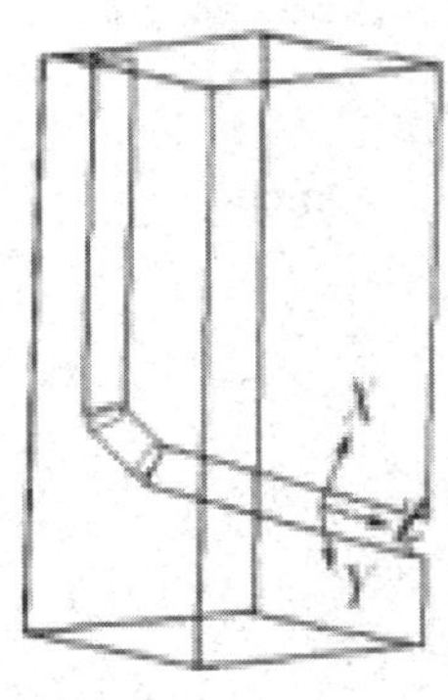

(c) 90° 旋转挤压路线

图 4-15 连续挤压有限元模型示意图

三维有限元模型中挤压杆和试样直径均为 8 mm,其中挤压杆处于弹性变形范围内,长度 5 mm,材料为钢材,弹性模量为 210 GPa,泊松比为 0.3。由于在实际挤压过程限元模型中挤杆轴当作弹性处理,挤压试样的长度 60 mm,材料为纯铜,弹性模量为 60 GPa,泊松比为 0.3,屈服应力为 98 MPa,应力-应变曲线如图 4-16 所示。

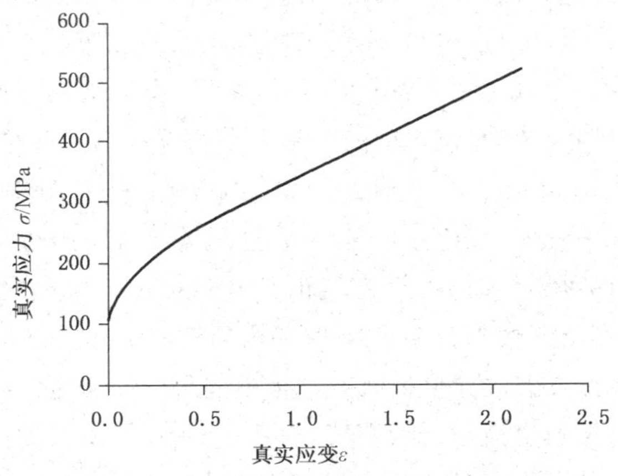

图 4-16 材料的真实应力-应变曲线

在等径通道挤压实验中,试样与挤压通道接触面的摩擦无法避免,因此在模拟过程中,需要考虑接触面摩擦的影响。由于在三维连续挤压过程有限元模型中采用的试样较长,在考虑摩擦条件下模拟连续挤压时所需的挤压力大于单次挤压时所需的挤压力。当挤压力增大到一定程度,将导致局部单元被压塌,计算过程被迫中止。因此模拟中最大摩擦因数是按照保证计算顺利完成的要求选取的。

模拟时设定试样上端面以 5 mm/s 的速度沿挤压模具通道向下运动。根据模型的对称性，0° rotation 及 180° rotation 两种路线的有限元模型取一半建模，模拟时在试样对称面上加对称约束，而 90° rotation 模型不具备对称性，因此取整个模型进行计算。此外，模拟时刚性体模具的所有自由度被约束。这里需要说明的是，在较低的速率下挤压时，材料的变形速率也很低，塑性变形过程中产生的热很快耗散，可以认为试样是在等温条件下变形，因此在数值模拟中没有考虑塑性变形引起的热效应。

4.8.2　模拟结果分析

在连续挤压有限元模拟中，摩擦因数达到 0.10 时，90° rotation 模型出现局部单元严重畸变，而当摩擦因数达到 0.15 时，0° rotation 及 180° rotation 两种模型也出现试样尾部单元严重畸变，因此连续挤压过程有限元模拟中 0° rotation 及 180° rotation 两种路线分别进行表面摩擦因数为 0、0.05、0.10 三种情况的模拟，而 90° rotation 路线只模拟摩擦因数为 0 和 0.05 两种情况。

进行 ECAP 连续挤压有限元模拟是为了研究采用不同挤压路线时试样不同截面上的应变分布情况。为了讨论方便，根据经过两次挤压变形后位于出口通道中试样的几何特征建立一个 XYZ 局部坐标系(如图 4-15 所示)，坐标原点 O 位于试样圆截面的中心，其中 X 轴垂直于试样的对称面(对 90° rotation 模型是二次挤压变形时的对称面)，Z 轴与试样轴向一致，垂直于横截面，Y 轴按照右手螺旋法则确定。

图 4-17 (a)～(c) 给出利用三种路线经过两次挤压后 X 面(即模型的对称面)上的等效塑性应变云图。从图中可以看到，经过两次连续挤压后，虽然挤压后沿试样轴向等效塑性应变发生变化，但存在变形稳定区，在该区域内沿试样轴向应变变化可以忽略，这与单次挤压模拟相类似。因此在分析试样横截面上的等效塑性应变分布特点时，为了保证具有普遍性，在稳定变形区内选取横截面。为便于比较，这三个截面均取自试样的相同位置。图 4-18 (a)～(c) 分别给出无摩擦情况下采用三种模型得到的经过两次连续挤压后试样横截面(即垂直于局部坐标系 Z 轴的截面)上的等效塑性应变云图。图中用箭头分别标示出两次挤压过程中试样靠近挤压通道内交角的一侧，图 4-18(a)和(b)中截面的上边界则对应于模型的对称面。

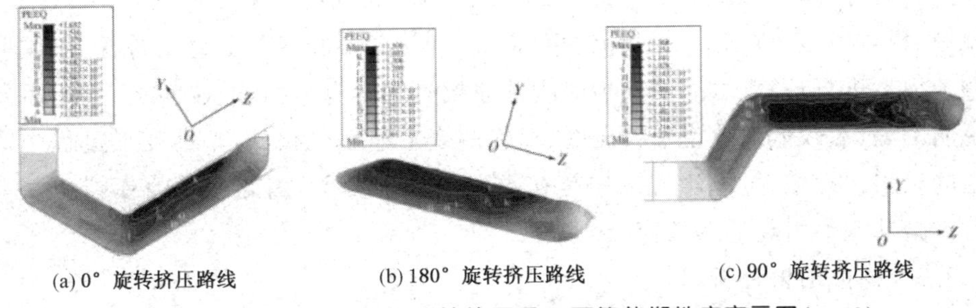

(a) 0° 旋转挤压路线　　(b) 180° 旋转挤压路线　　(c) 90° 旋转挤压路线

图 4-17　不同挤压路径两次连续挤压后 ***X*** 面等效塑性应变云图($\mu=0$)

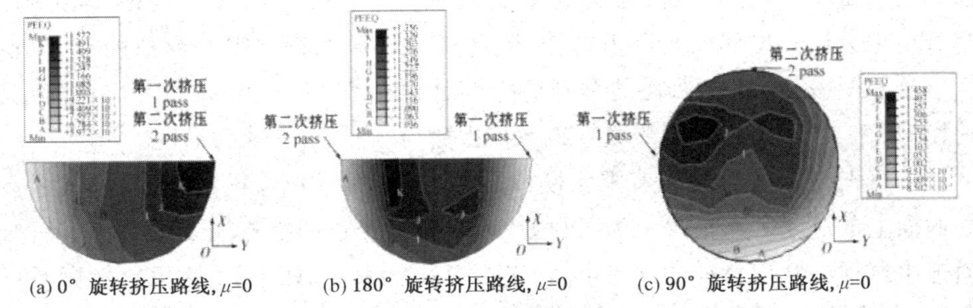

(a) 0° 旋转挤压路线, μ=0　　(b) 180° 旋转挤压路线, μ=0　　(c) 90° 旋转挤压路线, μ=0

图 4-18　两次挤压后试样横截面等效塑性应变云图

根据单次挤压的模拟结果,挤压过程中试样靠近挤压通道内交角一侧承受的剪切变形最剧烈,而靠近挤压通道外交角一侧承受的剪切变形要小得多。因此,采用 0° rotation 路线时,两次挤压中试样同一侧承受剧烈的剪切变形,而另一侧连续两次通过挤压通道外交角,因而在试样横截面的等效塑性应变云图上可以看到,截面的等效塑性应变分布与单次挤压后的变形分布相似,较大变形区主要位于试样截面右侧(即靠近挤压通道内交角一侧),从右侧到左侧,等效塑性应变逐渐减小,但与单次挤压结果相比,两次挤压后等效塑性应变变化的梯度变大。

采用 180° rotation 路线时,第二次挤压前试样绕其轴向被旋转 180°,这样第一次挤压时试样靠近挤压通道外交角的一侧被旋转到挤压通道内交角一侧,在第二次挤压时承受剧烈的剪切变形,另一侧正好相反。这样,采用 180° rotation 路线连续挤压两次后,试样横截面上较大的变形主要集中在试样中部,而在试样两侧等效塑性应变逐渐减小。

图 4-18(c)给出采用 90° rotation 路线挤压后位于出口通道中试样的横截面等效塑性应变云图。采用 90° rotation 路线时,第二次挤压前试样绕其轴向被逆时针旋转 90°,这样试样上原来靠近挤压通道内交角的一侧被旋转到侧面。该截面左侧在第一次挤压中靠近挤压通道内交角,承受剧烈的剪切变形。在第二次挤压前,试样绕轴向逆时针旋转了 90°,这样在第二次挤压过程中试样上部

经过挤压通道内交角，产生很大的塑性变形。因此从等效塑性应变云图上可以看到，两次挤压后试样横截面上变形较大的区域主要集中在截面的左上部。而在两次挤压过程中，试样的右侧及下部先后临近挤压通道的外交角，在挤压过程中承受的变形较小，因而与试样左上部相比该区域的等效塑性应变要小得多。

4.8.3　三种挤压路线的综合比较

为了定量地表征连续挤压后试样的变形不均匀性，定义截面变形不均匀性参数：

$$C = \frac{\bar{\varepsilon}_{\max}^{eq} \cdot \bar{\varepsilon}_{\min}^{eq}}{\bar{\varepsilon}_{ave}^{eq}} \tag{4-10}$$

其中，$\bar{\varepsilon}_{\max}^{eq}$、$\bar{\varepsilon}_{\min}^{eq}$以及 $\bar{\varepsilon}_{ave}^{eq}$ 分别是截面最大、最小以及平均等效塑形应变。需要说明的是，这里定义的变形分布不均匀参数 C 是获得均匀变形分布的必要条件，要得到均匀细化的超细晶材料，首要条件必须保证截面的变形分布不均匀参数 C 尽量小。

表 4-3 中给出模拟三种不同路线连续挤压后试样横截面等效塑性应变不均匀参数 C。可以看到，即使不考虑表面摩擦的影响，0°rotation 路线试样截面变形不均匀参数超过 0.8，而 90°rotation 和 180°rotation 路线的截面等效塑性应变与 0°rotation 路线相比虽然较小，但仍然分别高达 0.485 和 0.25，如果考虑摩擦的影响，0°rotation 路线的截面变形不均匀参数随摩擦因数的增大明显减小，但 90°rotation 路线和 180°rotation 的截面变形不均匀参数变化不大。

表 4-3　模拟三种不同路线连续挤压后试样横截面等效塑性应变不均匀参数 C

摩擦因数 μ	0°旋压挤压路线				90°旋压挤压路线				180°旋压挤压路线			
	$\bar{\varepsilon}_{\max}^{eq}$	$\bar{\varepsilon}_{\min}^{eq}$	$\bar{\varepsilon}_{avc}^{eq}$	C	$\bar{\varepsilon}_{\max}^{eq}$	$\bar{\varepsilon}_{\min}^{eq}$	$\bar{\varepsilon}_{avc}^{eq}$	C	$\bar{\varepsilon}_{\max}^{eq}$	$\bar{\varepsilon}_{\min}^{eq}$	$\bar{\varepsilon}_{avc}^{eq}$	C
0	1.572	0.597	1.192	0.818	1.445	0.850	1.226	0.485	1.345	1.036	1.232	0.250
0.05	1.636	0.782	1.281	0.667	1.442	0.889	1.262	0.438	1.361	1.051	1.278	0.243
0.10	1.577	0.888	1.342	0.513	—	—	—	—	1.435	1.109	1.338	0.244

综合比较两次连续挤压有限元模拟结果可以看到，在无摩擦情况下，如果在连续挤压过程中试样不绕其轴向旋转任何角度（即 0° rotation 路线），那么在挤压两次之后，试样横截面的变形不均匀性参数超过 0.8，这说明试样所承受的变形差异较大。如果在连续挤压过程中使试样在相邻两次挤压间绕其轴向旋转 180°（即 180° rotation 路线），试样横截面变形分布的均匀性就有所改善，变形不均匀性参数较小。如果在相邻两次挤压前后将试样绕其轴向按同一方向

旋转 90°(即 90° rotation 路线),经过两次挤压后,横截面的等效塑性应变不均匀性参数高于 180° rotation 路线,但从两次挤压后试样横截面等效塑性应变云图可以看到,此时变形较大的区域主要集中在试样的左侧和上部,而且在这两个区域的应变变化不大。模拟结果中出现以上情况的原因在于,所模拟的两次连续挤压中这些区域并未通过挤压通道内交角。如果考虑试样与挤压通道表面摩擦,从表 4-3 中可以看到,在相同的摩擦情况下,两次挤压后三种挤压路线中 0° rotation 路线的截面变形不均匀性参数仍然最大,90° rotation 和 180° rotation 路线其次,这与无摩擦情况下相同。

这里需要说明的是,表 4-3 中给出整个试样横截面的变形分布不均匀参数,为了反映沿试样径向的变形分布,图 4-19 给出不同挤压路径下沿试样横截面 Y 方向的等效塑性应变变化曲线,并计算出沿这条线上的变形不均匀参数。为了便于比较,图中的纵坐标是经过正则化的等效塑性应变(该方向上任一点的等效塑性应变除以该方向上的最大等效塑性应变),而横坐标 d/D 是距试样横截面左侧的相对距离,其中 d 是距截面左侧的距离,D 是试样的直径。从结果来看,经过两次挤压后,0° rotaion、90° rotaion 和 180° rotaion 路线的横截面 Y 向变形不均匀参数分别为 0.804、0.403 和 0.252。

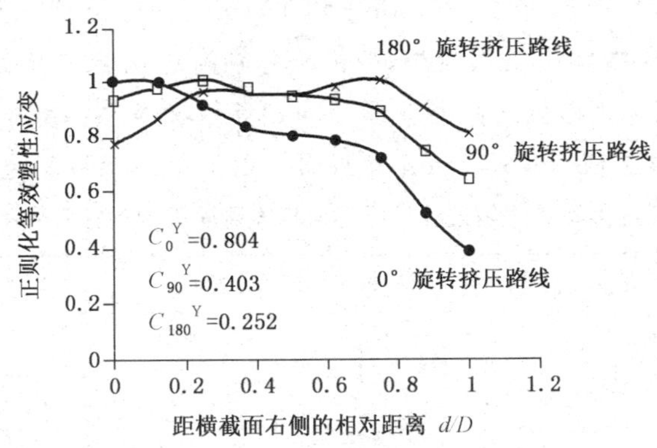

图 4-19 不同挤压路径下沿试样横截面 Y 方向的等效塑性应变变化曲线

在实验中,为了使晶粒充分细化,需要将同一试样连续挤压十余次。如果使用 0° rotaion 挤压路线,经过多次挤压后,试样的局部虽然在多次挤压下产生很大的塑性变形,晶粒可以被细化,但是由于变形分布的严重不均匀,试样中较大区域承受的变形要小得多,这将导致这些区域内的晶粒不能被充分细化,这必然影响到挤压后材料微观组织结构的均匀性,从而影响材料的力学性能。很多学者的实验也已经证实,在挤压时采用这种方法无法获得组织均匀、力学性能优异的超细晶材料。使用 180° rotaion 路线,根据两次挤压后试样变形分布特点,随着挤压次数的增大,试样横截面上较大的塑性变形将主要集中在试样中部。而采用 90° rotaion 路线挤压时，在每次挤压前绕试样按照相同的方向旋转 90°，使试样的各侧面先后经过挤压通道内交角，这样就有可能使试样内变形分布更加均匀。也就是说，只要采用 90° rotaion 路线当挤压次数为 4 的整数倍，而且相邻两次挤压之间试样绕轴向按相同方向旋转 90°（即挤压路线 B_C）时能使试样内的变形分布更均匀，从而得到微观组织结构较均匀的超细晶材料。

为了进一步证实以上推测，对 90° rotation 和 180° rotation 两种路线建立四次连续挤压有限元模型进行分析，图 4-20 给出横截面的等效塑性应变云图。从图 4-20(a)可以看到，采用 90° rotation 路线经过四次挤压后，等效塑性应变由试样中心向四周逐渐减小，呈近似的环形分布，截面最大等效塑性应变 2.573，最小 1.905，整个截面的平均等效塑性应变 2.281，按照式(4-10)计算得截面变形分布不均匀参数为 0.286，远小于经过两次挤压后的截面变形不均匀参数。而 180° rotation 路线经过四次挤压后横截面的等效塑性应变云图与经过两次挤压后相似，截面上较大的变形主要集中在试样中部，而在试样两侧，等效塑性应变逐渐减小。经过计算，截面的变形不均匀参数为 0.324，横截面上 Y 向的变形不均匀参数经过四次挤压后增大至 0.306，均高于经过两次挤压后的变形不均匀参数，这说明采用 180° rotation 路线时随着挤压次数的增加，截面变形分布的不均匀性增大。而 90° rotation 挤压路线的试样横截面 Y 向变形不均匀参数则减小到 0.233。这也说明随着挤压次数由两次增加到四次时，而 90° rotation 路线的变形不均匀性显著减小。因此可以得出结论，采用 90° rotation 路线经过多次挤压后（挤压次数为 4 的整数倍）更容易获得更加均匀的变形分布。

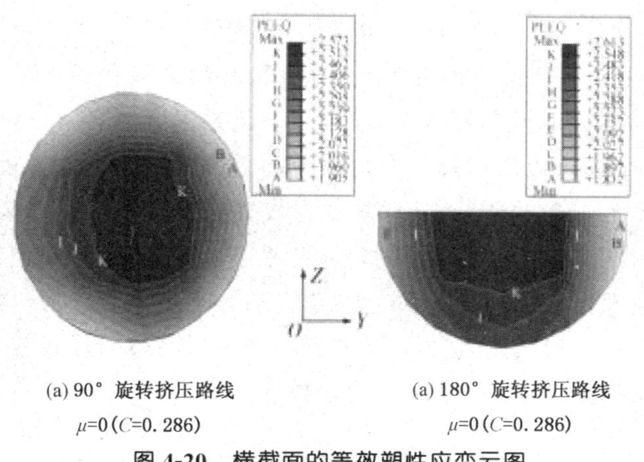

(a) 90° 旋转挤压路线　　(a) 180° 旋转挤压路线

μ=0 (C=0.286)　　μ=0 (C=0.286)

图 4-20　横截面的等效塑性应变云图

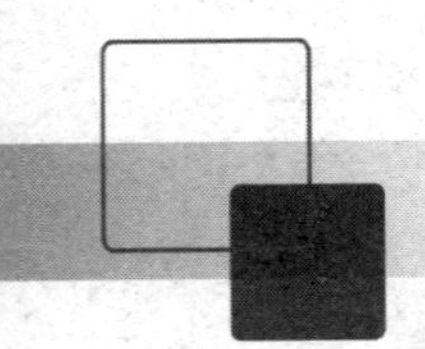

第 5 章　高压扭转工艺

5.1　概念及分类

高压扭转法(HPT)的工艺原理如图 5-1 所示，模具主要由上模和下模组成，工作时上模下行并给试样施加压力，达到既定压力后下模开始转动，通过主动摩擦在试样端面上施加一个扭矩，在扭矩和压力的作用下使试样发生压缩变形和剪切变形。

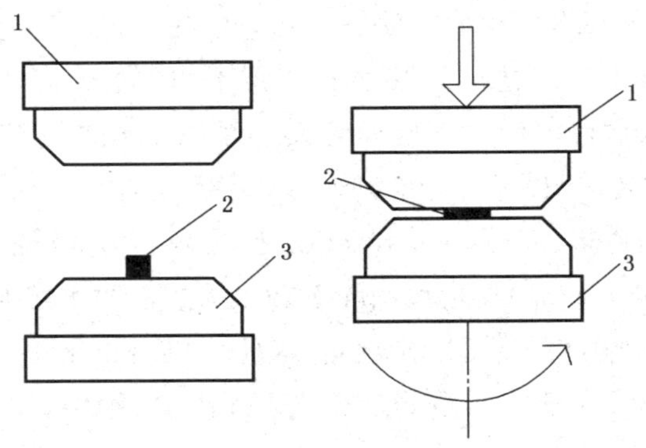

1—上模　2—试样　3—下模

图 5-1　HPT 的工艺原理

根据模具分类，HPT 可以分为无约束型、半约束型和约束型，如图 5-2 所示。无约束型的 HPT 模具如图 5-2(a)所示，该方法由于圆周方向没有任何限制，背压很小，金属可以沿圆周方向自由流动，试样高度减小，直径增大。约束型 HPT 模具如图 5-2(c)所示，试样被预先放置在模具中，由于模具的约束，产生较大的背压，在实验过程中试样的尺寸几乎不发生变化，被视为理想的 HPT 工艺，但很难实现，且试样变形后难以取出。通常采用的方法为半约束型 HPT 工艺，模具如图 5-2(b)所示，该方法允许部分金属以飞边的形式流出，在提供足够大的背压的同时，又保证了实验的可操作性。

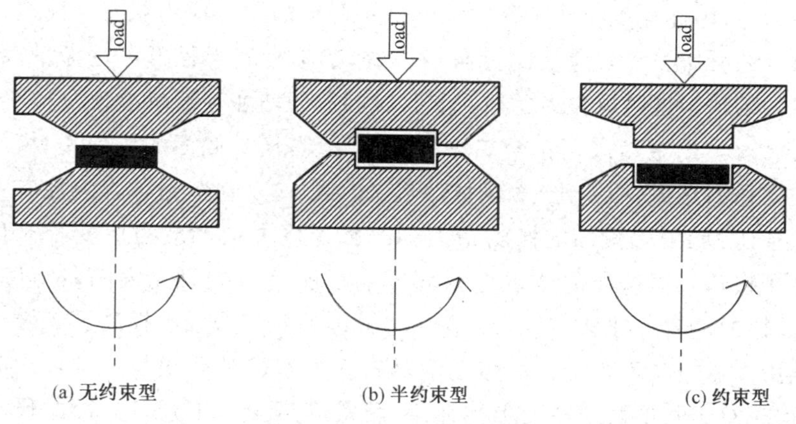

图 5-2　HPT 模具类型分类

5.2　HPT 工艺的研究现状

1943 年哈佛大学的 Bridfman 在其一篇论文中首次明确地提出了高压扭转的概念，并进行了一系列的研究，其本人也因此获得了诺贝尔物理学奖。

20 世纪 50 年代末苏联科学家 O. A. Ганаго 等人对 HPT 工艺进行了理论研究和实验分析，认为 HPT 工艺过程中垂直轴线的截面保持平面，他们得出的结论可以粗略地解释高压扭转工艺与普通镦粗的不同和影响高压扭转的工艺因素。

20 世纪 80 年代，一个俄罗斯的科研团队简化高压扭转的工艺过程，成功地将高压扭转原理应用于金属的剧烈塑性变形，并得出了基本的高压扭转公式，即：

$$\gamma = \frac{2\pi NR}{H} \tag{5-1}$$

其中，γ 为剪切应变，R 为旋转半径，N 为旋转圈数，H 为试样高度。

经过高压扭转后材料内部出现了大角度晶界的纳米结构，材料性能得到很大的提高，这一发现使得高压扭转工艺成为制备块状纳米材料的重要方法。实验试样厚度为 0.85 mm，直径为 10 mm，在 1.25 GPa、2.5 GPa 和 6 GPa 的压力下分别扭转 1 圈、3 圈和 5 圈，并测量经过高压扭转后的试样直径方向的硬度分布。实验结果表明，扭转圈数和压力对试样的性能都有很大的影响，并找出了最适合的压力和扭转圈数。通过有限元模拟与实验相结合的方法研究纯铜高压扭转过程的位错密度的变化。模拟中试样厚度为 1 mm，直径为 10 mm，上模压力为 6 GPa，下模的扭转角度为 0.5π、π、1.5π 和 2π。模拟结果表明：虽然在压缩阶段 HPT 可以看成一种静水压应力状态，但在随后的扭转过程中周向应力并不为零，因此高压扭转过程实际上是一种准静水压应力状态。模拟得出的位错密度的分布与等效应变的分布相一致，都是沿着半径方向逐渐增大，但这种径向的不均匀性随着压力的增大和扭转圈数的增加逐渐减小。

通过对半约束型高压扭转工艺的模拟发现，模具侧面的倾斜角、模腔深度与模腔半径的比值(深径比)对试样厚度方向的应力应变分布均匀性有很大影响。深径比为 1/20，侧面的倾斜角为 60°时，厚度方向的应力应变分布最为均匀。高压扭转对铜试样的微观组织和压缩性能的影响研究表明，经过高压扭转，铜试样的晶粒尺寸从 43 μm 变为 300 nm，并且屈服强度提高了 7 倍。

利用高压扭转工艺制备块体超细晶材料虽然已被证明是一种行之有效的方法，但相对于其他大塑性变形法而言，目前高压扭转工艺各方面的研究还很不成熟，主要存在如下几个方面的问题：

(1) 高压扭转模具结构较为复杂，螺旋通道部位加工难度大，实验中模具磨损比较严重，寿命较低。

(2) 高压扭转过程本身是不连续的，每道次之间需要人工操作，生产效率较低，有必要研究开发设计多通道高压扭转模具，以实现一次高压扭转产生连续剪切变形。

(3) 高压扭转变形后材料容易产生强烈的各向异性，通常需要由后续工艺或多道次重复变形加以消除。

(4) 目前的研究主要集中在高压扭转工艺、材料显微组织、力学性能及其演化等方面，对其变形机制、晶粒细化机理、工艺影响因素等方面的研究尚不全面。

上述问题在一定程度上限制了高压扭转工艺的广泛应用，但随着未来研究工作的进一步深入，相信这些问题将会逐渐得到解决，高压扭转的应用范围和工业化应用前景会更加广阔。

5.3 HPT应变的定义及计算

定义 HPT 应变的模型如图 5-3 所示，小圆片的半径为 r，高度为 h，在一个无限小的旋转增量 $d\theta$ 的作用下发生旋转，对应弧长 $dl=rd\theta$。

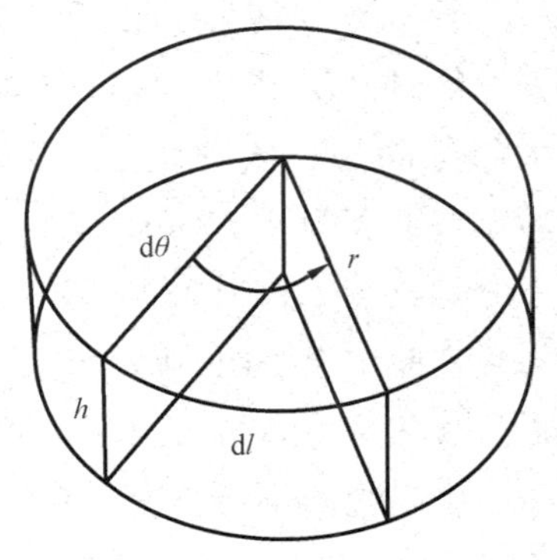

图 5-3 HPT应变计算模型

则由几何关系可知，试样上下表面的相对剪切变形量：

$$d\gamma=\frac{dl}{h}=\frac{rd\theta}{h} \tag{5-2}$$

假设旋转角在厚度方向上没有变化，当旋转 N 圈时，总旋转角为 $2\pi N$，对公式(5-2)积分得到剪切应变：

$$\gamma = \frac{2\pi N r}{h} \tag{5-3}$$

由米塞斯等效应变可知：

$$\varepsilon = \frac{\gamma}{\sqrt{3}} \tag{5-4}$$

当剪切应变较大时，剪切面上的最大正应力与应变不重合，因此公式(5-3)的适用条件为剪切应变 $\gamma < 0.8$。当 $\gamma \geqslant 0.8$ 时，并且不考虑厚度时，等效应变可表示为：

$$\varepsilon = \frac{2}{\sqrt{3}} \ln\left[\left(1 + \frac{\gamma^2}{4}\right)^{\frac{1}{2}} + \frac{\gamma}{2}\right] \tag{5-5}$$

公式(5-5)同样适用于 $\gamma < 0.8$ 的情况，当考虑厚度的变化即高度由 h_0 变为 h，则等效应变可表示为：

$$\varepsilon = \ln\left[1 + \left(\frac{2\pi N r}{h}\right)^2\right]^{\frac{1}{2}} + \ln\left(\frac{h_0}{h}\right) \tag{5-6}$$

由于通常情况下高压扭转实验为小薄片 $2\pi N r \gg h_0$，因此式(5-6)可简化为：

$$\varepsilon = \ln\left(\frac{2\pi N r}{h}\right) + \ln\left(\frac{h_0}{h}\right) = \ln\left(2\pi N \frac{r \cdot h_0}{h^2}\right) \tag{5-7}$$

5.4　HPT 工艺的影响因素

HPT 工艺的主要影响因素有：摩擦因数、高径比、压力、下模扭转角度。

5.4.1　摩擦因数

HPT 过程中的变形主要是通过模具表面与试样表面之间的摩擦来产生的，因此摩擦因数是 HPT 工艺的重要影响因素。到目前为止，关于 HPT 过程的摩擦因数并没有一个统一的结论，但国内外学者普遍认为适当地增大摩擦因数可以增大试样端面所受的扭矩，从而有利于高压扭转过程的产生。在实验过程中可以通过在模具表面加工“田”字形沟槽等方法来增大摩擦因数。

5.4.2　高径比

HPT 过程中的试样通常为薄盘状，高径比不宜过大，试样的高径比过大会导致试样表面产生的变形难以传递到试样的中部，在试样的高度方向上会产生变形不均匀的现象，导致试样在高度方向上晶粒尺寸存在差异。

5.4.3　压力

压力是 HPT 工艺的主要影响因素。压力过大，超过材料的成形极限，会导致试样在成形过程中破裂；而压力过小时，不能在试样与模具之间产生足够大的摩擦力，进而不能产生足够大的剪切力使试样发生剧烈塑性变形，HPT 实验中的压力一般都在 1 GPa 以上。在不超过成形极限的情况下，压力越大，试样所受扭矩也就越大，在试样内部产生的剪切应力也就越大，试样的晶粒细化效果也就越好，晶粒细化也会越均匀。

5.4.4 下模扭转角度

下模扭转角度越大，试样的变形量也就越大，等效应变也就越大，晶粒细化程度也随之增大。但随着变形的进行，试样的加工硬化现象越来越严重，所以当下模扭转角增大到一定程度以后，试样与模具之间会出现相对打滑，继续增加扭转角度晶粒也不再细化。实验中的扭转角度一般为 $2\pi \sim 20\pi$，即下模转动 1 圈到 10 圈。

5.5 高压扭转对材料组织性能的影响

目前，国内外的科学家已经运用 HPT 对纯铜、铜合金、纯铝、铝合金、镍合金、钛合金等多种纯金属、合金及金属间化合物进行了实验研究。结果表明 HPT 工艺可以极大地提高材料的性能，尤其是力学性能。

采用 HPT 工艺处理纯铜，并测量了高压扭转后试样的组织性能。其结果发现，在 6 GPa 压力下，下模转动 5 圈后，对试样进行观察，可以发现材料的小角度晶界向大角度晶界转化，细化后的晶粒尺寸可以达到 150 nm。经过 HPT 工艺后，试样的晶界通常会扭曲畸变，通过透射电子显微镜（TEM）可以发现，经过 HPT 工艺所得到的超细晶材料的晶界为非平衡态晶界。

利用 HPT 制备的超细晶铝合金的平均晶粒尺寸小于 100 nm，抗拉强度达到 800 MPa，延伸率高达 20%，而且具有更好的高温超塑性。

通过 SPD 法细化体心立方合金比细化面心立方合金困难，但大量实验研究表明，HPT 工艺可以成功地细化体心立方晶体，也可以应用于镁合金和钛合金等密排六方材料。研究表明，经过 HPT 工艺加工并退火处理的工业纯钛的强度可以达到 1 200 MPa，并且具有良好的室温拉伸性能。Mg-9%Al 合金很难用其他 SPD 法进行加工细化，但实验表明 HPT 法可以充分细化 Mg-9%Al 合金。

5.6 GH4169 高温合金的高压扭转工艺

5.6.1 高压扭转工艺流程

对原始材料进行退火处理，可以消除原始板材中的残余应力和各种组织缺陷，使材料性能更加均匀。随后的冷轧处理，使板材储存了变形能，为随后 δ 相的析出作准备。890 ℃的热处理可以使 δ 相充分析出。HPT 工艺可以使试样发生剧烈塑性变形，使材料晶粒破碎并产生大量位错堆积在晶粒内部。950 ℃热处理时，材料开始再结晶，但晶粒并不长大。具体工艺如表 5-1 所示。

表 5-1　高压扭转工艺制备超细晶 GH4169 高温合金工艺过程

工艺编号	第 1 次热处理/℃・h	冷轧压下量/%	第 2 次热处理/℃・h	扭转压力/GPa	扭转角度/rad	第 3 次热处理/℃・h
1	1 050×0.5	50	890×10	3	2π	950×3
2	—	—	—	3	4π	—
3	—	—	—	4	2π	—
4	—	—	—	4	4π	—
5	—	—	—	5	2π	—
6	—	—	—	5	4π	—

5.6.2　实验设备

高压扭转过程中使用的设备是高压扭转实验机，图 5-4 为 DBS-2×300t 双缸高压扭转液压机。最大压力为 300 t，此液压机可以实现缓慢加压和卸载，并且配有压力测量仪，实验中试样所受压力可以通过压力测量仪实时观测，对试样分别施加 3 GPa、4 GPa 和 5 GPa 的压力。

图 5-4　2×300t 双缸液压机

无约束型高压扭转模具结构如图 5-5 所示。模具的高度为 25 mm，直径为 75 mm，工作区域的直径为 25 mm。高压扭转工艺是通过模具和试样之间的摩擦力使试样发生剧烈塑形变形的，为了获得足够的摩擦力，在实验开始前模具和试样的表面都要进行粗糙化处理。

图 5-5 实验所用模具

5.6.3 VF-1600 高真空高温热处理炉

所用热处理设备为 VF-1600 高真空高温热处理炉，如图 5-6 所示。VF-1600 高真空高温热处理炉可以在 1 600 ℃内对各种材料进行真空加热和保温，系统可按照给定的升温曲线升温，恒温最快速率可到达 10 ℃/min，炉腔内真空度可达到 −0.1 MPa。本实验利用 VF-1600 高真空高温热处理炉分别在890 ℃和 950 ℃下对轧制后和高压扭转后的试样进行退火处理，升温速率为 10 ℃/min，保温完成后炉冷，升温曲线如图 5-7 和 5-8 所示。

图 5-6 VF-1600 高真空高温热处理炉

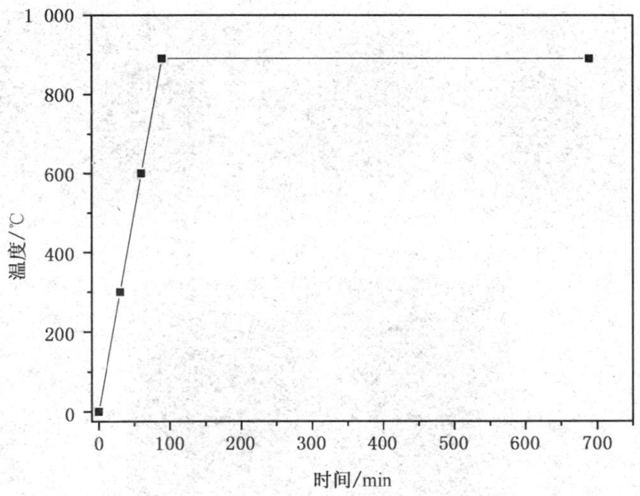

图 5-7　890 ℃退火处理升温曲线

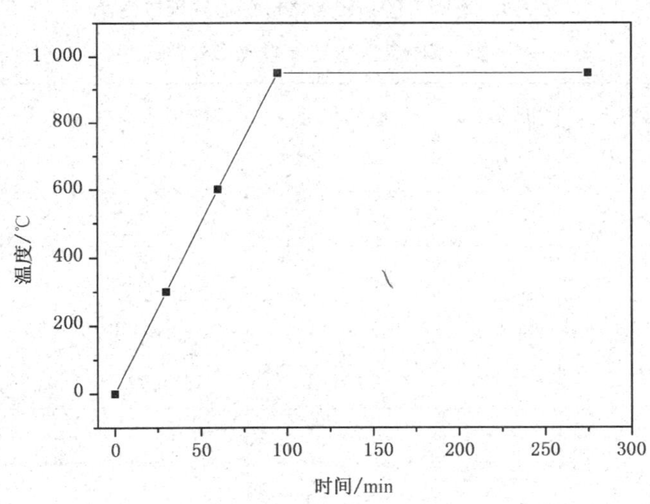

图 5-8　950 ℃退火处理升温曲线

5.7　实验结果分析

5.7.1　成形零件的尺寸变化

高压扭转前的试样直径为 $\Phi=10$ mm，高度为 $h=1$ mm，经过不同工艺的高压扭转工艺后试样的直径和高度都发生了变化。经过不同高压扭转工艺后的试样如图 5-9 所示。通过比较可以发现，随着压力和扭转圈数的增大，试样在高度方向逐渐减小，同时在直径方向不断增大，试样具体的尺寸变化如表 5-2 所示。

(a) 原始试样　(b) 3 GPa一圈　(c) 3 GPa两圈　(d) 4 GPa一圈　(e) 4 GPa两圈

(f) 5 GPa一圈　(g) 5 GPa两圈

图 5-9　不同高压扭转参数成形零件尺寸对比

表 5-2　不同高压扭转参数成形零件尺寸

工艺编号	压力/GPa	扭转角度/rad	原始尺寸/mm×mm	变形后高度/mm	变形后直径/mm
1	3	2	Φ10×1	0.95	10.30
2	3	4	Φ10×1	0.93	10.40
3	4	2	Φ10×1	0.79	11.74
4	4	4	Φ10×1	0.64	13.00
5	5	2	Φ10×1	0.60	14.00
6	5	4	Φ10×1	0.48	15.52

5.7.2　金相组织分析

1 050 ℃热处理后的试样微观组织如图 5-10 所示。经过 1 050 ℃退火处理，消除了试样内部的各种缺陷，试样微观组织差异减小，晶粒尺寸在 80 ~ 120 μm之间。

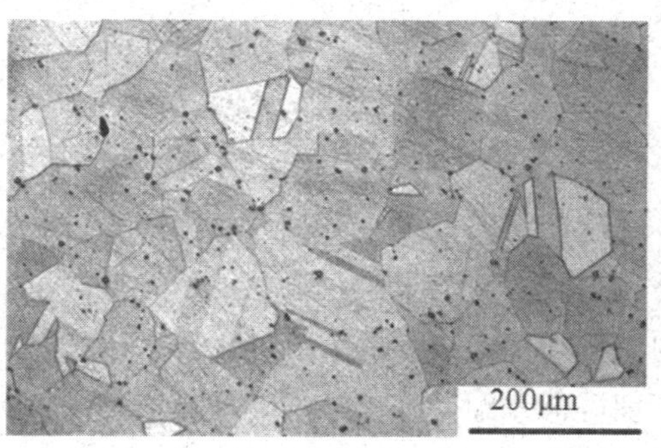

图 5-10　1 050 ℃热处理后试样金相图

将 1 050 ℃退火处理后的试样，进行冷轧处理，压下量为 50%，其金相组织如图 5-11 所示，图中箭头所示方向为轧制方向。观察图 5-11 可以发现，晶粒发生明显变形，沿轧制方向被拉长，这是由于 GH4169 合金的强度较高，且轧制温度为室温，轧制后的晶粒无法发生再结晶，从而无法恢复成等轴晶的形貌。冷轧后的晶粒内部保留了大量的畸变能，为后续 δ 相的析出作准备。

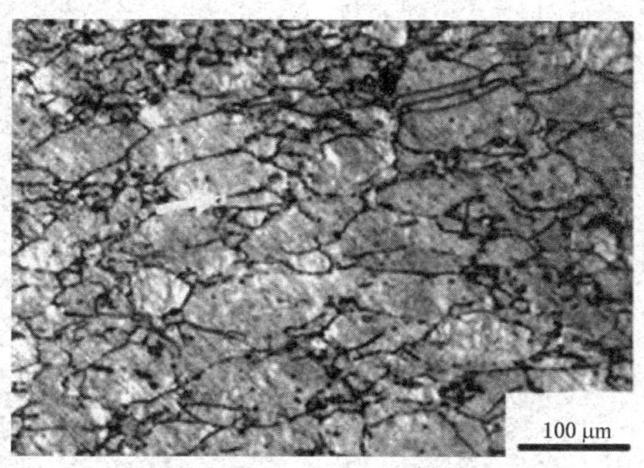

图 5-11　50%冷轧后试样的微观组织

将冷轧后的板材放入真空热处理炉中，在 890 ℃真空状态下对板材进行固溶处理，时间为 10 h，使 δ 相充分析出，试样微观组织如图 5-12 所示。温度对 δ 相析出的影响很大，δ 相析出温度范围为 780～980 ℃，在 890 ℃左右析出速度达到峰值，980 ℃后开始溶解。

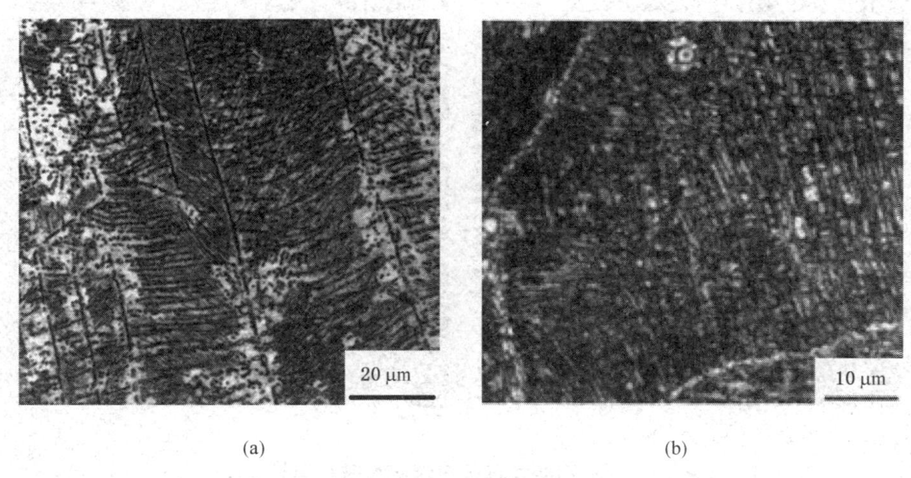

图 5-12　890 ℃热处理后试样的微观组织图

从图 5-12 可以看出 δ 相呈网格状，相互交错地均匀分布在晶界和晶粒内部，并且晶粒内部不存在点状的细小 δ 相，这说明经过 890 ℃×10 h 后，δ 相充分析出。在晶粒长大过程中，δ 相阻碍位错的运动，起到钉轧的作用，从而阻止晶粒的长大，使晶粒细化。但当晶内存在过量 δ 相时，会使材料的合金效果下降，塑性降低。

将 δ 相充分析出的试样，在表 5-2 所示的工艺下进行高压扭转工艺处理，经过高压扭转后各试样的金相如图 5-13 所示。

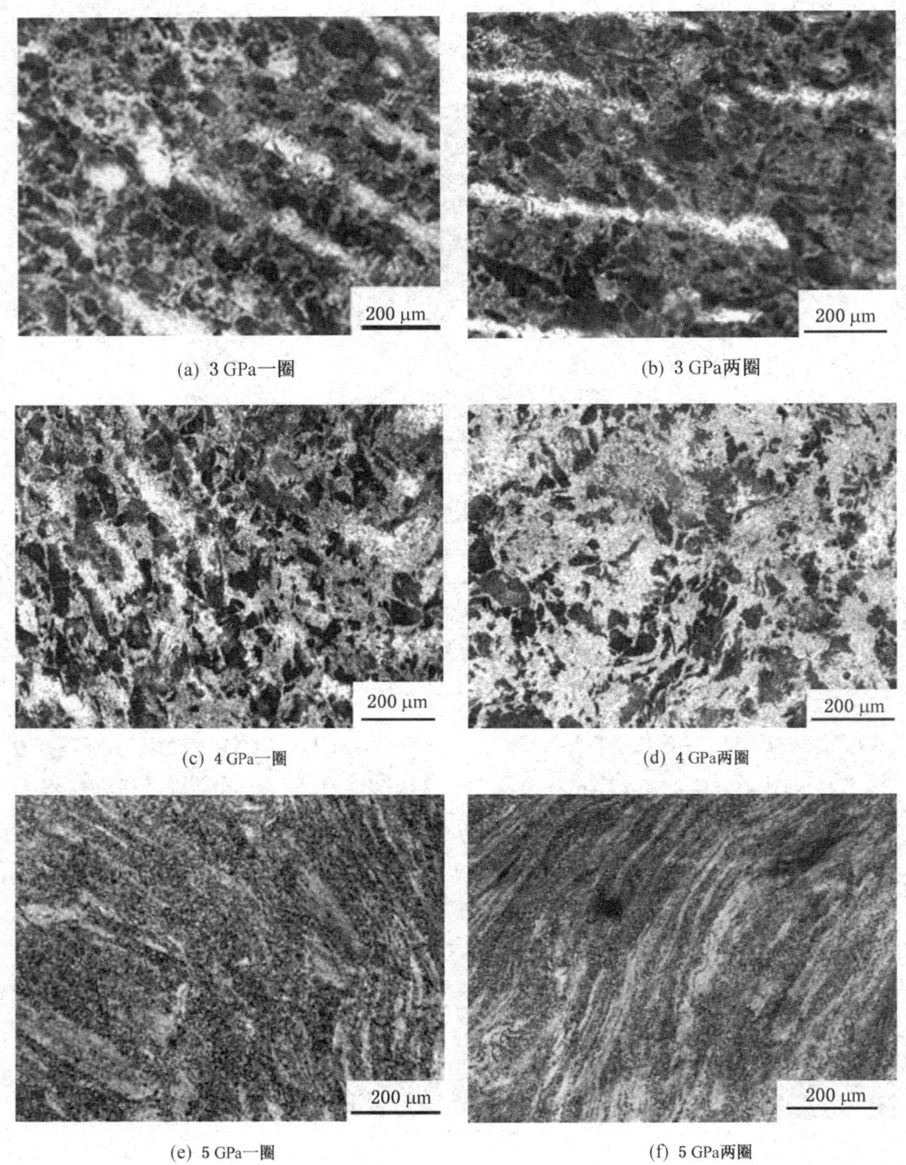

(a) 3 GPa一圈　(b) 3 GPa两圈

(c) 4 GPa一圈　(d) 4 GPa两圈

(e) 5 GPa一圈　(f) 5 GPa两圈

图 5-13　不同参数高压扭转实验微观组织对比

通过观察图 5-13 可以发现，经过剧烈塑形变形后，试样的晶粒沿着转动方向伸长，并且晶粒发生严重破碎，当试验压力达到 5 GPa 时，晶粒已经延伸为极细的纤维状。对比图 5-13 中的(c)和(d)可以发现在压力相同的情况下，随着下模扭转角度的增大，试样晶粒的破碎程度明显增大。对比图 5-13 中的(b)、(d)和(f)可以发现在下模扭转角度相同的情况下，随着上模压力的增大，试样晶粒的破碎程度明显增大。所以在高压扭转工艺中，增大下模扭转角和增大上模压力都能有效地增大试样晶粒的破碎程度，增加试样的细化程度。

试样边缘比中心部分的流动速度大，变形更大。经过高压扭转后试样边缘和中心部分晶粒破碎情况，如图 5-14 所示。图 5-14(a)中 1 处为试样中心部分，2 处为试样边缘部分，图 5-14(b)为试样中心部分晶粒破碎情况。对比图 5-14 可以发现试样中心部分晶粒的破碎程度要小于边缘部分。

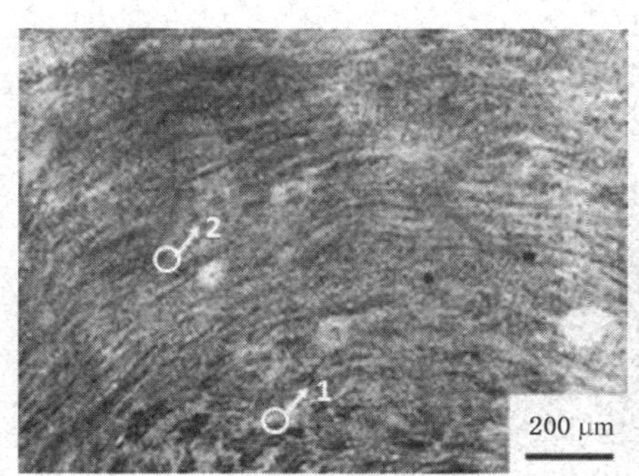

(a) 试样边缘部分

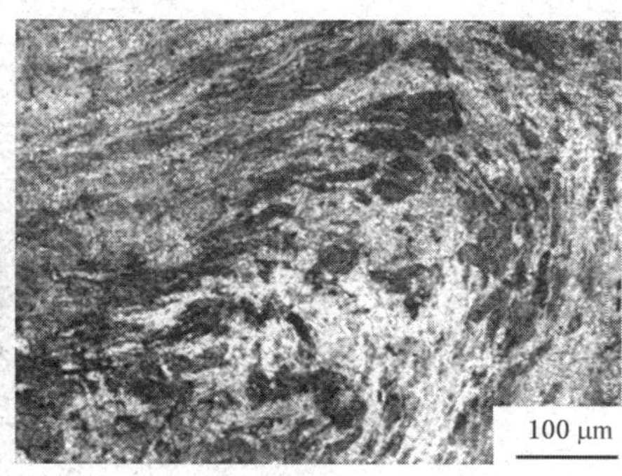

(b) 试样中心部分

图 5-14　试样不同部位晶粒破碎程度对比

将经过高压扭转后的试样，放入真空炉中，在 950 ℃真空下退火处理 3 h。GH4169 高温合金的开始再结晶温度为 920 ℃，在 920～960 ℃范围内退火时，由于有 δ 相的存在，晶粒并不会长大。通过扫描电子显微镜(SEM)来观察 950 ℃热处理后的试样的晶粒与组织，分别如图 5-15、5-16 和 5-17 所示。

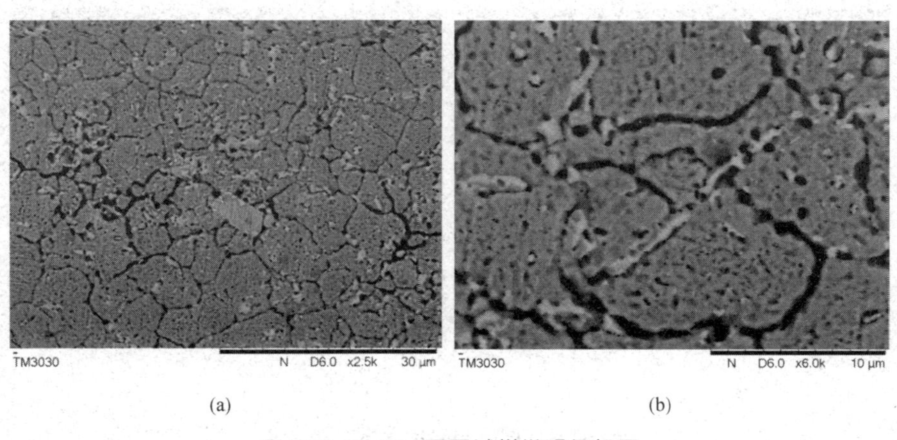

(a)　(b)

图 5-15　3 GPa 两圈试样微观组织图

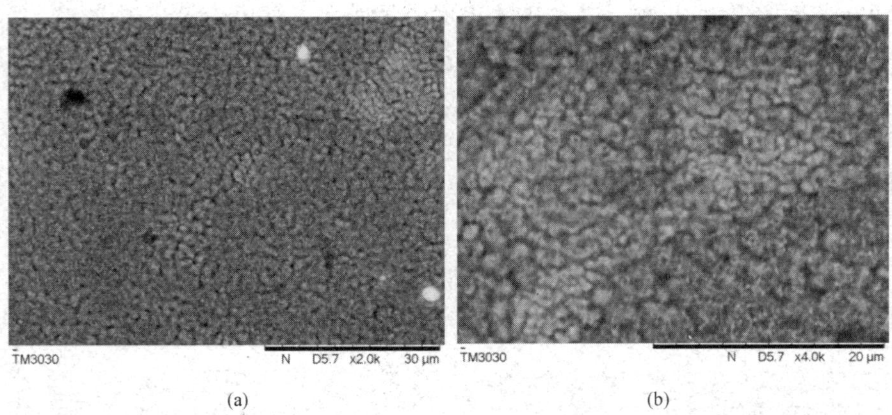

(a) (b)

(c)

图 5-16　4 GPa 两圈试样微观组织图

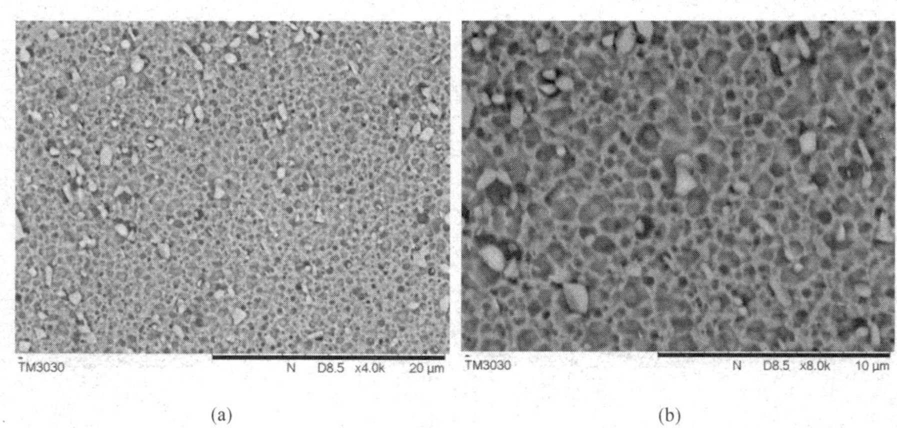

(a) (b)

图 5-17　5 GPa 两圈试样微观组织图

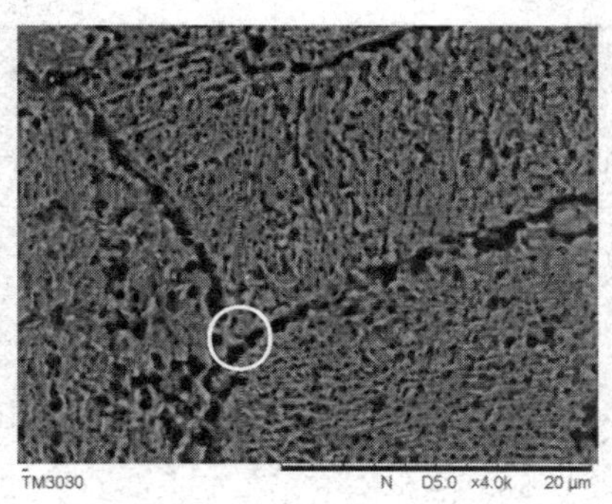

(c)

续图 5-17

由超细晶材料的定义可知，当材料的平均晶粒尺寸≤1 μm，组织为均匀分布的等轴晶，且多数晶界是大角度取向晶界时材料可以被定义为超细晶材料，观察图 5-17(a)和(b)，可以发现经过 5 GPa 两圈的高压扭转工艺处理后，试样的平均晶粒尺寸≤1 μm，且均匀分布。

通过观察图 5-15、5-16 和 5-17 可以发现，经过热处理后试样充分再结晶，得到了晶粒充分细化且晶粒均匀分布的 GH4169 合金板材，晶粒尺寸如表 5-3 所示。通过表 5-3 可以发现，在高压扭转的过程中增大压力对晶粒细化所起的效果十分明显。

表 5-3　不同压力下最终热处理后晶粒尺寸比较

工艺序号	上模压力/GPa	扭转角度/rad	晶粒尺寸/μm
1	3	4π	10
2	4	4π	2～3
3	5	4π	小于 1

经过 890 ℃×10 h 退火处理后的 δ 相为针状，如图 5-18(a)所示。经过高压扭转工艺后晶粒破碎，相也随之破碎，δ 相的形貌如图 5-18(b)所示。经过 950 ℃×3 h 热处理后，δ 相由针状变为颗粒状，均匀地分布在晶粒内部，如图 5-18(c)所示。

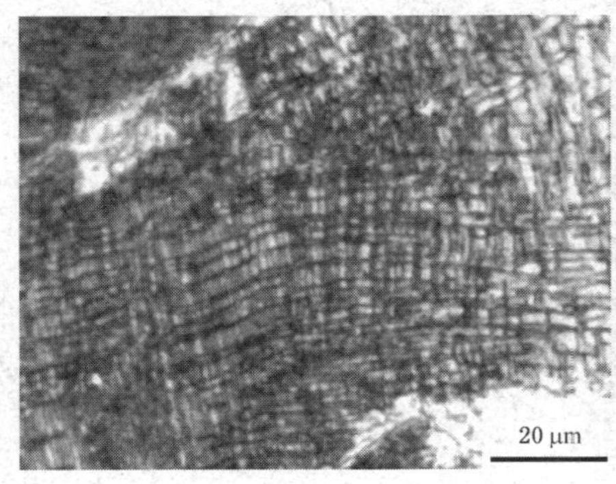

(a)

15.0kV 11.7mm x70.0k SE(M) 500nm

(b)

图 5-18　晶粒内部 δ 相变化对比

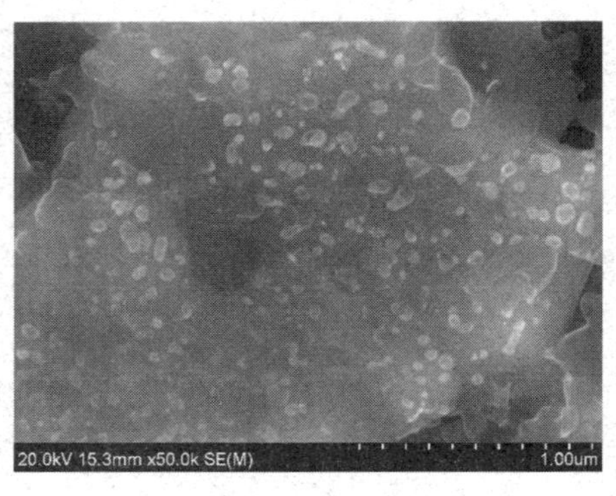

(c)

续图 5-18

5.7.3 试样硬度分析

维氏硬度的计算公式：

$$H=\frac{0.47F}{A^2} \tag{5-8}$$

式中 H——维氏硬度（HV）；

F——载荷（N）；

A——压痕对角线长度的一半（mm）。

在载荷为 1.96 N、保压 10 s 的条件下计算试样的维氏硬度，试样压痕如图 5-19 所示，测量数据如图 5-20 所示。

图 5-19 维氏硬度压痕面积图

通过观察图 5-20 可以发现，经过高压扭转后试样的硬度都要大于原始材料的硬度，并且发现随着压力的增大，试样的硬度也不断增大，且边缘与中心部分的差异逐渐减小。

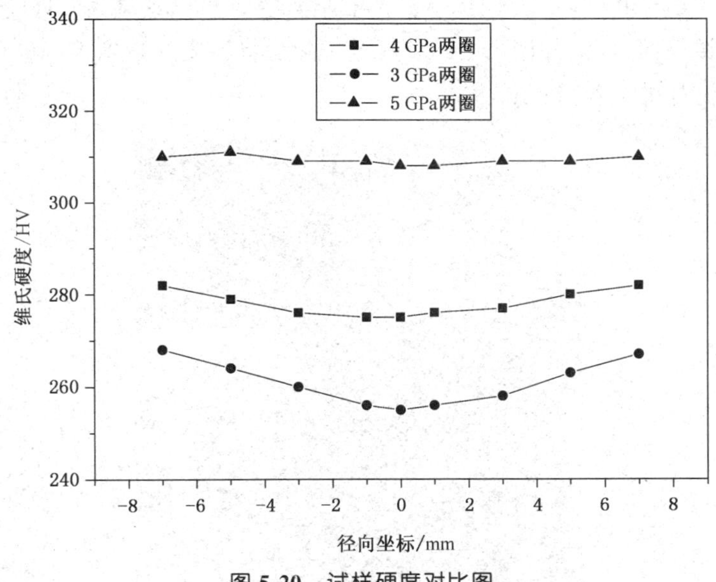

图 5-20　试样硬度对比图

5.7.4　GH4169 高温金相研究

为了能连续地观察 GH4169 合金的组织变化情况，采用高温金相显微镜，根据热蚀法原理，在一定温度范围内，连续观察 GH4169 合金组织的变化过程。

热蚀法是一种在高温状态下观察材料微观组织的常用方法，大部分合金中的不同相具有不同的组成元素，而不同元素在高温下蒸发速率并不相同，此外，晶格畸变一般发生在晶界处，并且晶界处含有大量杂质，正是根据这种材料表面组织选择性蒸发的原理，因此利用高温金相显微镜可以观察晶界的显现。

高温金相实验过程如下：将经过高压扭转后的试样磨平抛光，放入 Linkam 热台中，在蔡司显微镜下进行观察，设备如图 5-21 所示。实验过程中需保证热台内部为真空，冷却水要一直处于循环状态，试样升温过程中的升温速率 50 ℃/min，升温过程中原位观察试样组织的变化，当温度达到 950 ℃时进行保温，升温曲线如图 5-22 所示。

图 5-23 为 4 GPa 两圈高压扭转后 GH4169 合金板材高温金相组织演变过程，图 5-23(a)为 100～500 ℃温度范围内的试样的金相组织照片，通过观察可以发现，试样几乎没有发生变化。当温度升高到 600 ℃左右时试样开始发生变化，保温 10 min 后的金相组织如图(b)所示。有短小密集的黑色新相显现，经分析其为第二次冷轧后残存的针状 δ 相。600 ℃保温 20 min 的金相组织如图(c)所示，针状 δ 相更加明显。继续升温到 740 ℃时 δ 相开始逐渐消失，如图(d)和(e)所示，在 740 ℃保温 30 min 后，试样变为黑色。在 950 ℃保温时试样开始变白，分析原因为 δ 相在 950 ℃时会转变为 γ''相，但 γ''相并不能通过高温腐蚀

显现出来。继续在 950 ℃保温 60 min，在此温度下可以观察到 GH4169 高温合金退火再结晶的过程，如图(h)～(i)所示。随后将温度升高到 1 050 ℃并保温，可以发现试样的晶粒开始长大。

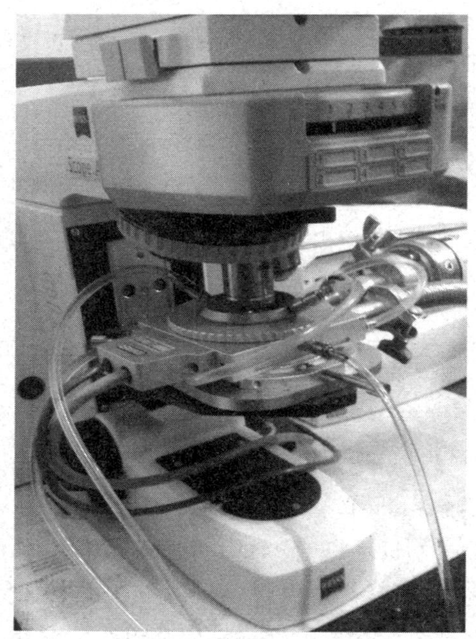

图 5-21 Linkam 热台及观察系统

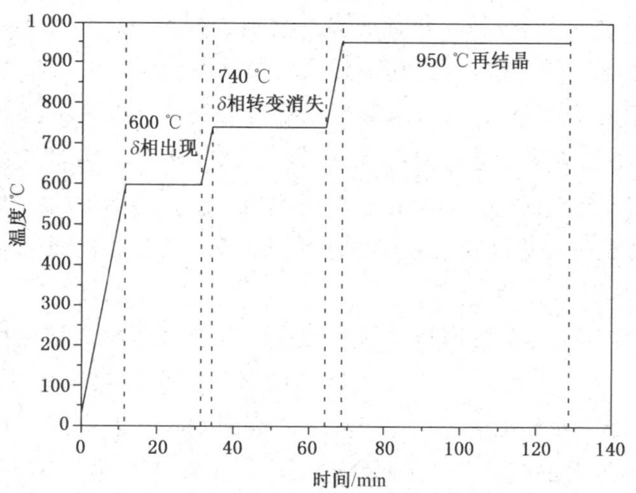

图 5-22 GH4169 合金高温金相实验升温曲线

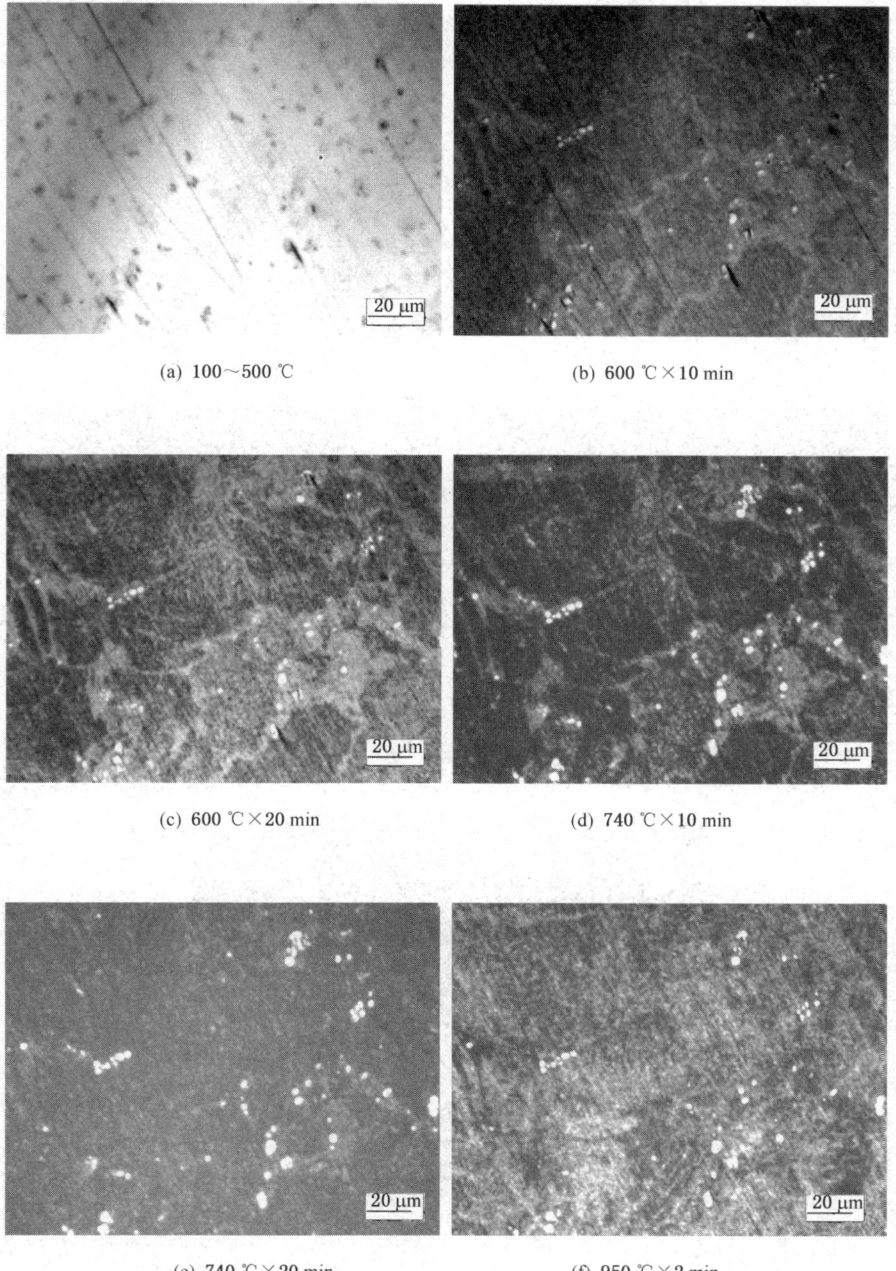

(a) 100～500 ℃　(b) 600 ℃×10 min

(c) 600 ℃×20 min　(d) 740 ℃×10 min

(e) 740 ℃×20 min　(f) 950 ℃×2 min

图 5-23　4 GPa 两圈高压扭转后 GH4169 合金高温金相组织演变过程

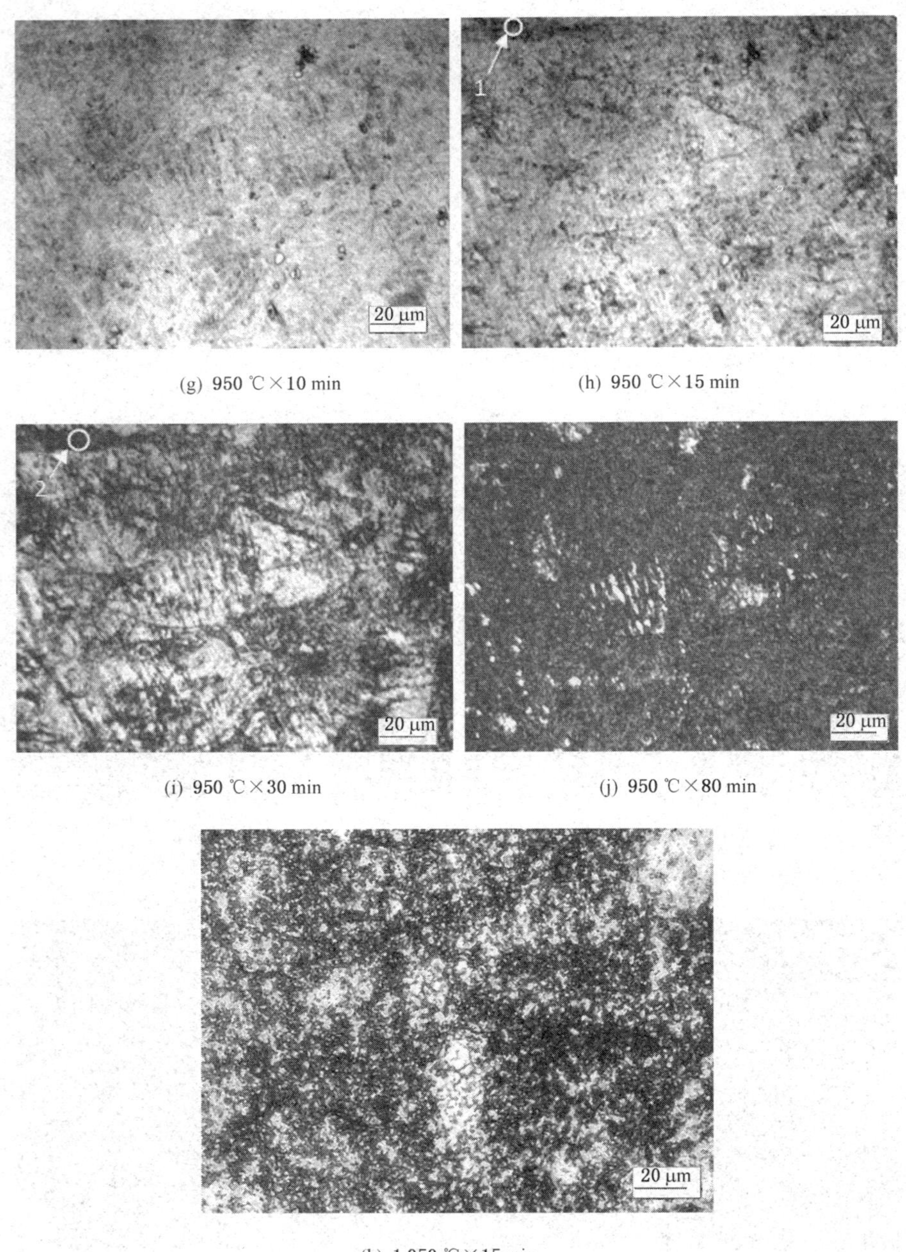

(g) 950 ℃×10 min

(h) 950 ℃×15 min

(i) 950 ℃×30 min

(j) 950 ℃×80 min

(k) 1 050 ℃×15 min

续图 5-23

5.8 晶粒细化机制分析

高压扭转后板材内部会积累大量的能量，即合金动态再结晶的形核能。在退火初始阶段，大部分位错开始缠结形成胞状结构，随着退火时间的增长，位错密度降低，胞状结构进一步形成亚晶，亚晶作为再结晶形核的核心，由小角度晶界变成大角度晶界。随着大角度晶界向外迁移，再结晶晶粒相遇，再结晶过程完成。再结晶晶粒的晶界扩展时，其会遇到基体中的 δ 相，由于 δ 相与基体之间是非共格界面，晶界要越过 δ 相，并进一步扩张需要较高的激活能。并且当再结晶晶粒的晶界移动到 δ 相的另一侧时，会消耗能量，晶界移动的驱动力将大大减小，晶界停止移动，新生晶粒就保持了现有的大小，晶界的迁移受到 δ 相的阻碍而难以继续，最终得到细化的晶粒。

对晶界分布特征的研究是通过晶粒取向角度差分布图分析的，分布图中晶界角度在 0-15°范围内的为小角度晶界(LAGBS)，晶界角度在 15°以上的为大角度晶界(HAGBS)。用局部取向角度差的方法评估由 EBSD 中数据得出的晶格应变演化情况。因此，发生变形的晶粒(因此产生大量缺陷)表现出较高的晶粒取向差值，反之，没有变形的晶粒(无缺陷)具有的晶粒取向差值非常低，且接近于零。

图 5-24 为 GH4169 高温合金高压扭转(5 GPa，2Q)的 EBSD 晶粒尺寸大小分布图；图 5-25 为 GH4169 高温合金高压扭转 5GPa-2Q 的 EBSD 大小角度晶界分布图；图 5-26 为 GH4169 高温合金高压扭转 5GPa-2Q 的 EBSD 晶粒取向角度差分布图(GOS)；图 5-27 为 GH4169 高温合金高压扭转 5 GPa-2Q 的 EBSD 晶粒位错取向角度差分布柱状图。由图 5-24～图 5-27 可以看出，GH4169 高温合金 5 GPa-2Q 高压扭转的内部晶粒平均尺寸在 0.8 μm 左右，大角度晶界的比例很高，GOS 值绝大部分均小于 1，这说明 GH4169 高温合金在 1 050 ℃×0.5 h 退火—冷轧(减薄率 50%)—890 ℃×10 h 退火—高压扭转(5 GPa，2Q)—950 ℃×3 h 退火后的晶粒细化效果比较明显，且晶粒再结晶比较充分，晶粒内部存在大量的孪晶结构。

图 5-24　GH4169 高温合金高压扭转 5GPa-2Q 的 EBSD 晶粒尺寸大小分布图

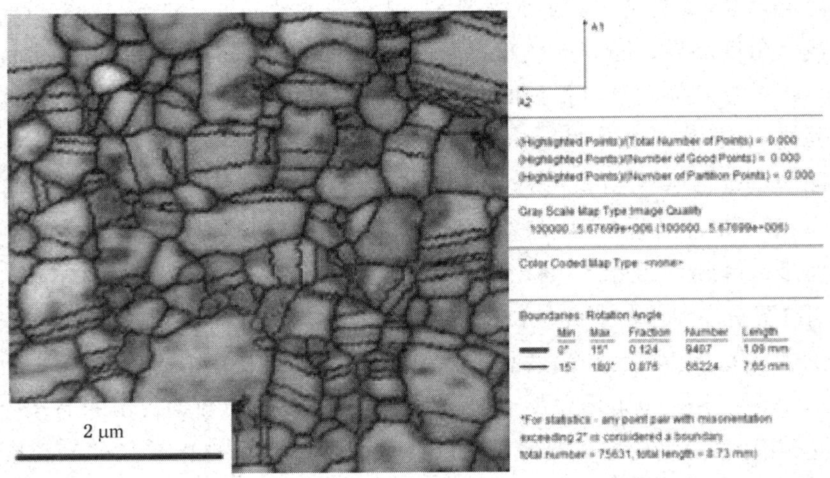

图 5-25　GH4169 高温合金高压扭转 5GPa-2Q 的 EBSD 大小角度晶界分布图

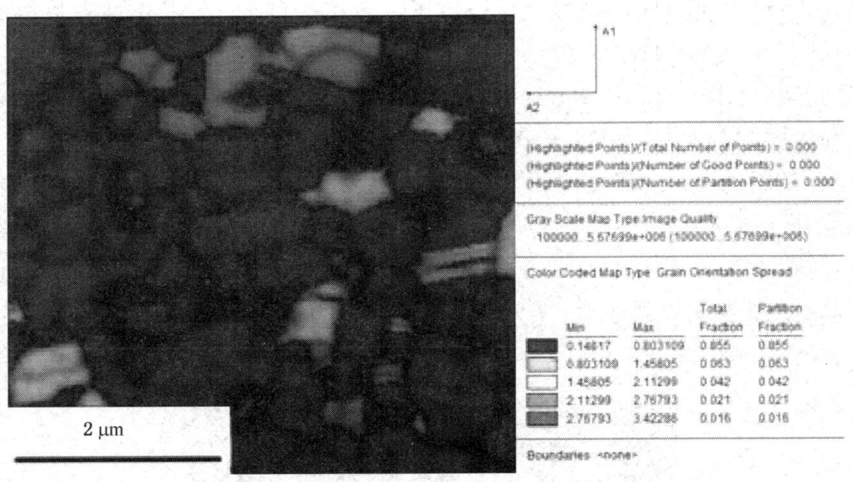

图 5-26　GH4169 高温合金高压扭转 5GPa-2Q 的 EBSD 晶粒取向角度差分布图(GOS)

图 5-28 为不同压力高压扭转 GH4169 高温合金的 EBSD 极图，由图 5-28 可以看出，细晶 GH4169 高温合金内部部分晶粒具有{111}面取向特征。经 5GPa-2Q 高压扭转后的 GH4169 高温合金内部产生了较为明显的 cube{100}<001>方向的立方织构，且极性比 4GPa-2Q 高压扭所制备的材料具有较强极性。

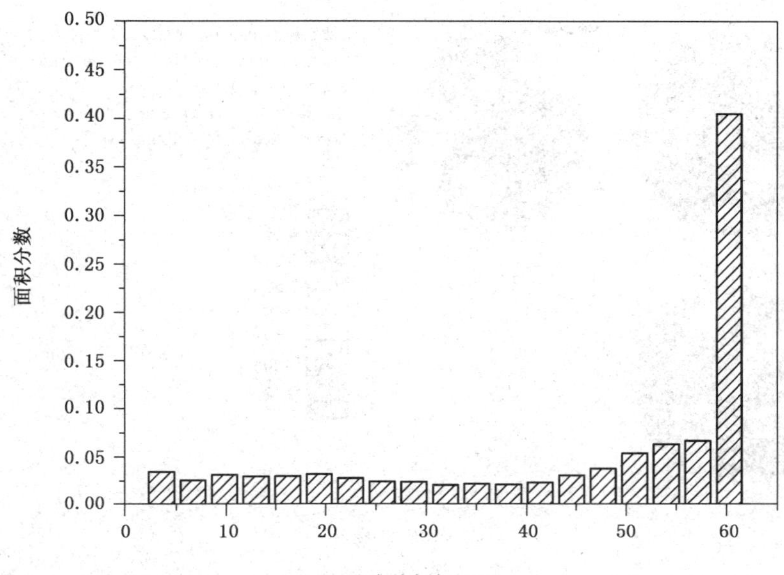

图 5-27　5GPa-2Q 高压扭转合金的 EBSD 晶粒位错取向角度差分布柱状图

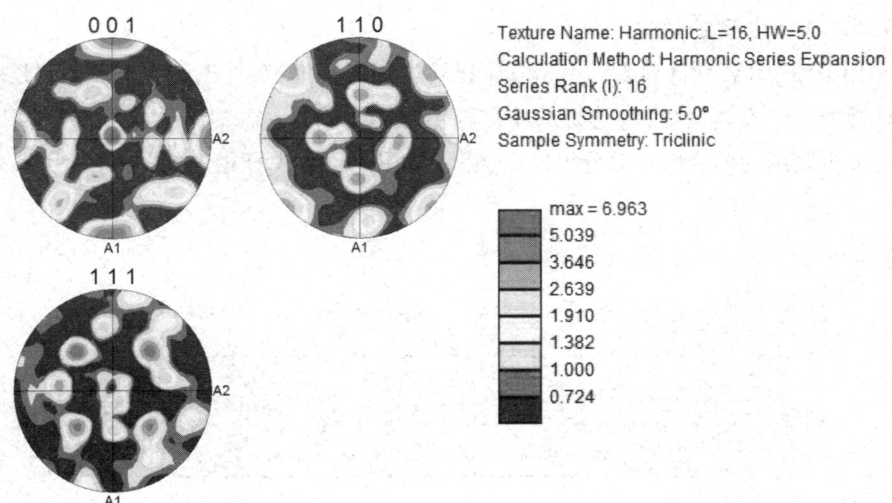

(a) 4GPa-2Q极图

图 5-28　GH4169 高温合金高压扭转极图

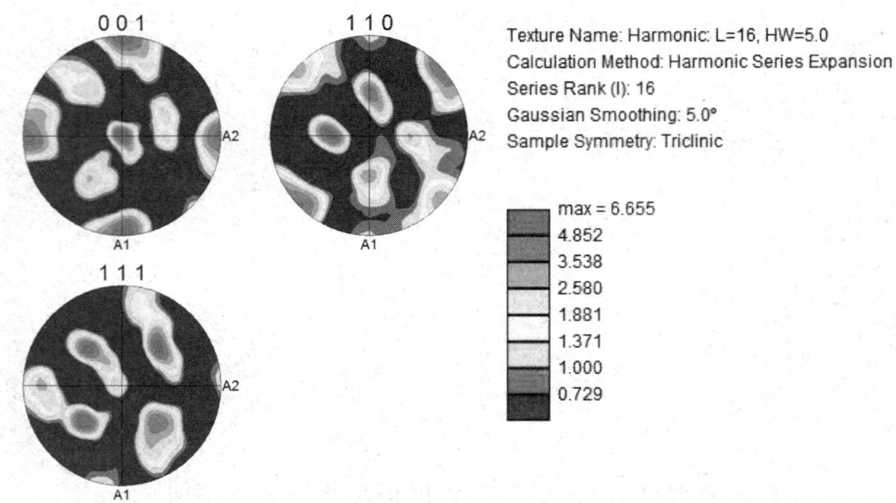

(b) 5GPa-2Q极图

续图 5-28

5.9 高压扭转工艺有限元模拟

5.9.1 几何模型的建立

用 DEFORM 软件对半约束型高压扭转过程进行模拟，首先利用 UG 创建模具和试样的三维实体，然后将建好的实体模型保存为 STL 格式，并导入到 DEFORM 中。模拟所用的模型由三部分组成：上模、下模和坯料。所建模型如图 5-29 所示。

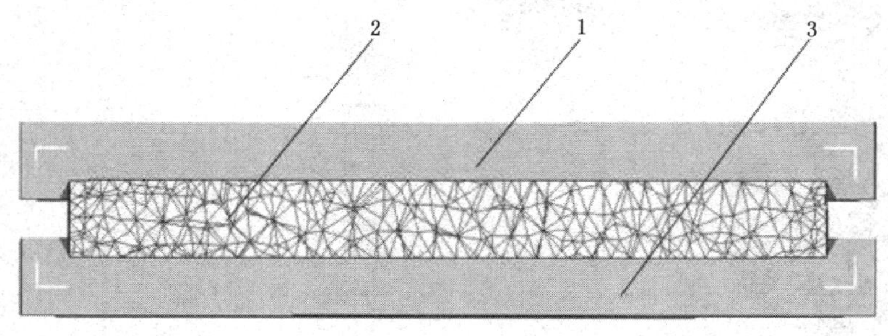

1—上模　2—试样　3—下模

图 5-29　高压扭转模型

5.9.2 高压扭转工艺

模拟中试样的尺寸为：直径 $d=10$ mm，高度 $h=1$ mm，所用的材料为 GH4169，温度设定为室温，在前处理中根据试样的大小对试样进行网格划分，由于高压扭转属于剧烈塑性变形，网格过少会出现网格畸变的现象，从而导致模拟无法进行下去，网格过多则会极大地增加运算的时间和难度，所以将网格的数目设定为 60 000。模拟中定义摩擦类型为剪切摩擦,摩擦因子为 1。高压扭转模拟的具体工艺参数如表 5-4 所示。

表 5-4　高压扭转过程工艺参数

工艺序号	上模压力/GPa	下模转速/(rad/s)	下模扭转角/rad	原始尺寸/mm
1	3	0.1	2π	Φ10x1
2	3	0.1	4π	Φ10x1
3	4	0.1	2π	Φ10x1
4	4	0.1	4π	Φ10x1
5	5	0.1	2π	Φ10x1
6	5	0.1	4π	Φ10x1

5.9.3　高压扭转变形过程分析

高压扭转的变形过程可分为两个阶段:第一个阶段上模下行,对试样施加一定的压力,类似于镦粗的过程。各部分金属的流动情况如图 5-30 所示。从图中可以看出在压力的作用下,上表面的金属向下运动,模具边缘挤出部分金属的流动速度明显大于其他部分。第二个阶段上模保持压力,下模开始转动,在摩擦力的作用下使试样发生剧烈塑性变形。在变形一段时间后,通过后处理观察试样各部分的流动速度大小,如图 5-31 所示。从图 5-31 中可以看出试样各部分的流动速度并不相同,沿半径方向金属的流动速度不断增大,离中心越远,金属的流动速度也就越快。

图 5-30　第一阶段时试样各部分流动速度分布

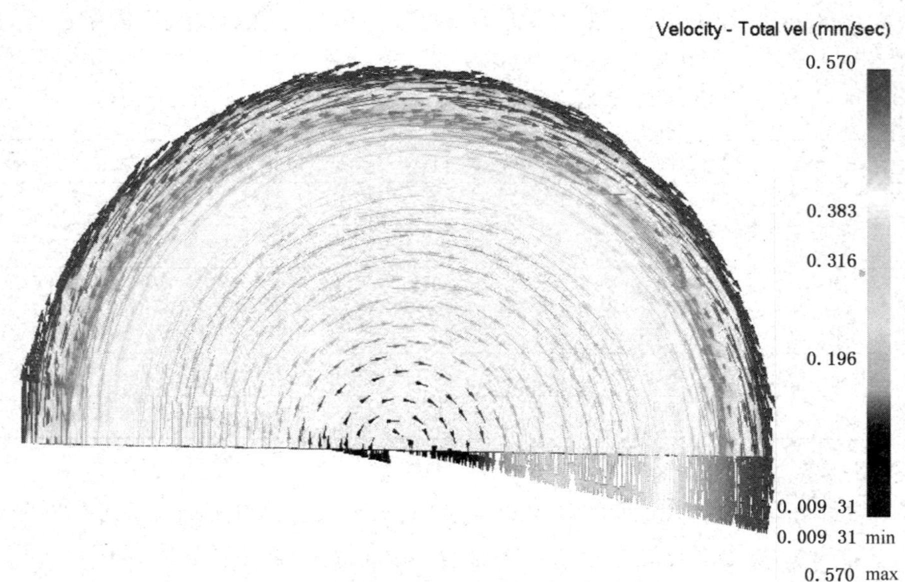

图 5-31　第二阶段试样各部分流动速度分布

在 3 GPa 的压力下，下模扭转 2 圈，观察实验完成后试样内部等效应变分布情况，如图 5-32 和图 5-33 所示。通过观察图 5-32 可以发现，试样的等效应变在半径方向上对称分布，且越往外等效应变越大，试样中心部分的等效应变要明显小于试样边缘部分的等效应变。

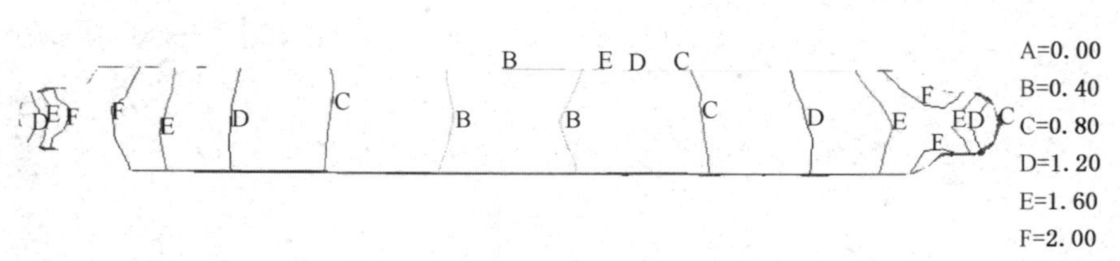

图 5-32　试样截面等效应变分布

在高压扭转工艺完成后，模仿镦粗变形区域的划分，可以将高压扭转后的试样划分为四个区域，如图 5-34 所示。Ⅰ区为难变形区，此区域存在于试样的中心区域，由于旋转半径太小，摩擦力不够，金属难以变形，该区的等效应变小于 0.4。Ⅲ区为大变形区，该区域在摩擦力的作用下发生了剧烈的塑性变形，试样的等效应变大于 1.2。Ⅱ区为小变形区，此区域位于大变形区和难变形区之间，该区域的金属由于受到周边区域金属的限制，变形量不大，试样的等效应变 0.4～1.2。Ⅳ区为挤出区，试样的等效应变 0.8～1.2。

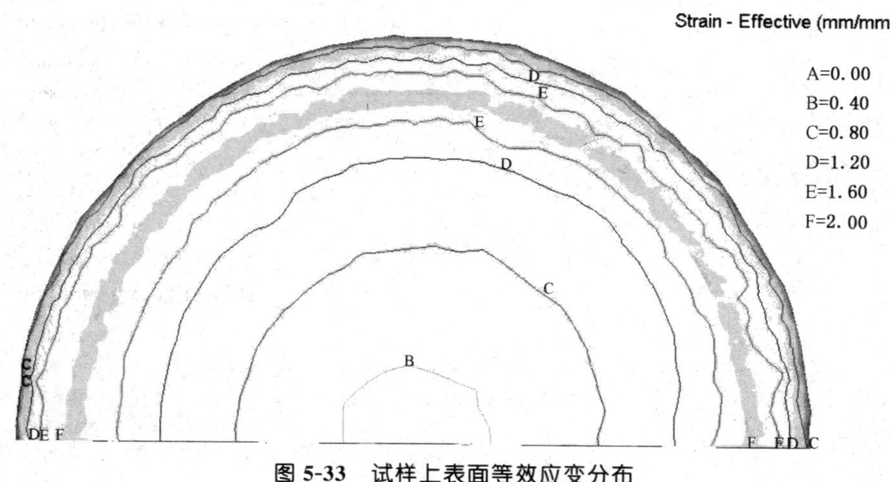

图 5-33　试样上表面等效应变分布

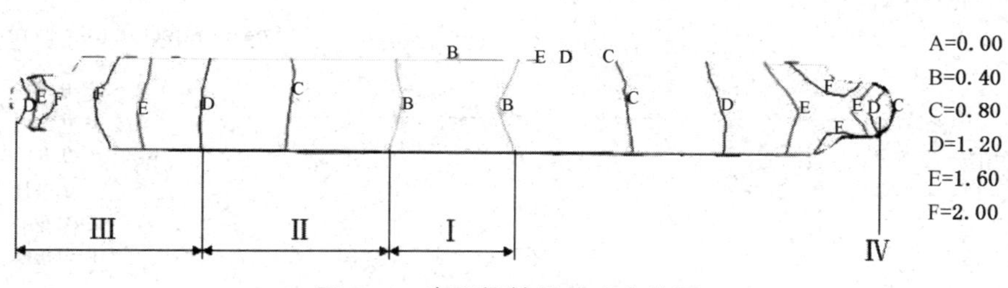

图 5-34　高压扭转等效应变分区

为了观察试样在变形过程中等效应变的变化情况，分别取下模开始转动之前、下模扭转角为 π rad、下模扭转角为 2π rad、下模扭转角为 3π rad 和下模扭转角为 4π rad 时的横截面观察试样的等效应变分布情况，如图 5-35 所示。

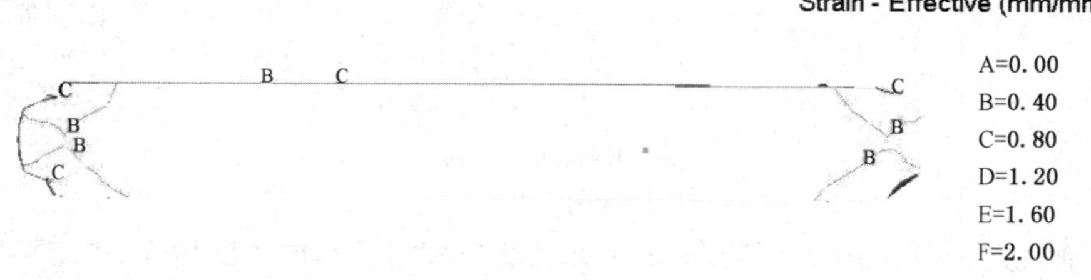

(a) 下模扭转角为0 rad

图 5-35　下模扭转角不同时试样等效应变比较

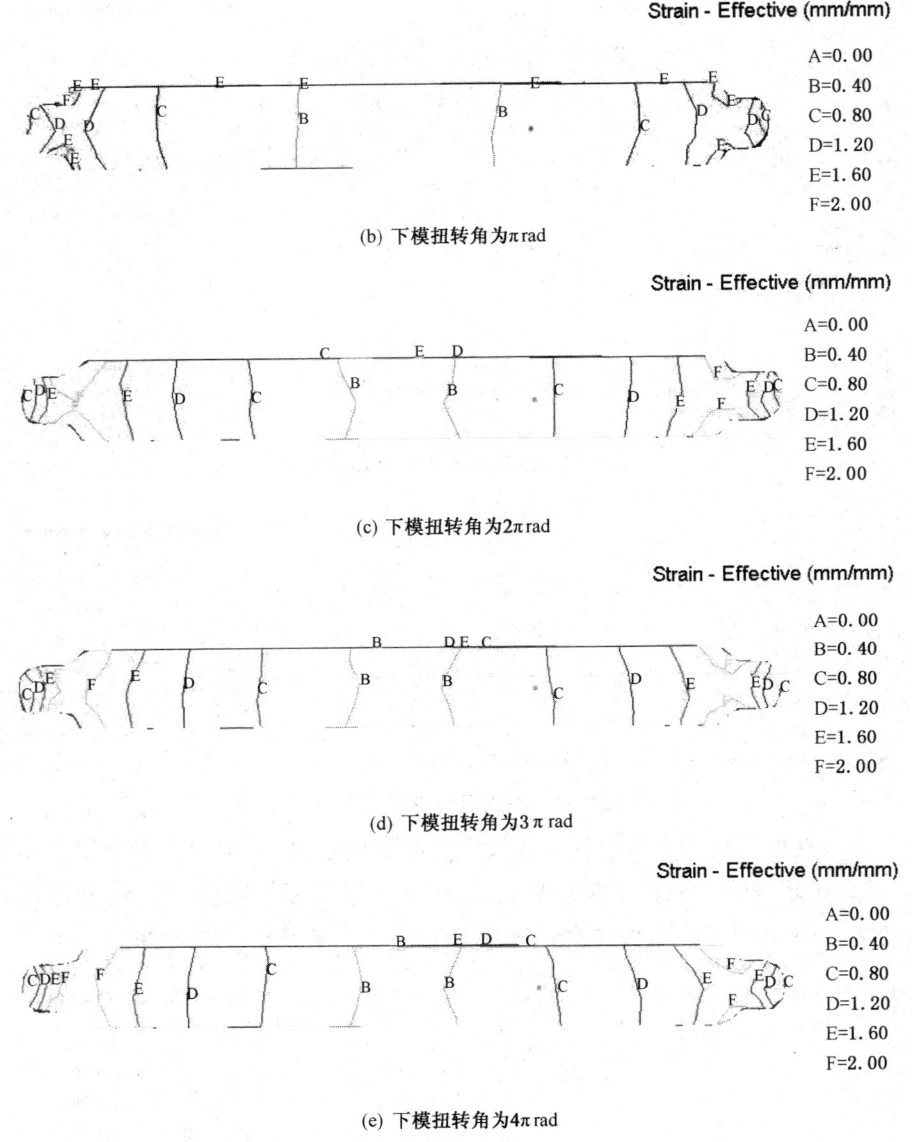

(b) 下模扭转角为π rad

(c) 下模扭转角为2π rad

(d) 下模扭转角为3π rad

(e) 下模扭转角为4π rad

续图 5-35

通过比较图 5-35(a)、(b)和(c)可知随着下模扭转角的不断增大，难变形区和小变形区的范围逐渐减小，大变形区的范围逐渐增大，这说明随着下模扭转角的不断增加，试样的变形程度也不断增大。但比较图 5-35(c)、(d)和(e)发现，当下模的扭转角增大到一定程度时，试样内部等效应变的分布不再发生明显变化，变形分区基本不变。

5.9.3.1 径向上的应力应变分布

在 3 GPa 的压力下，下模扭转两圈，随后在试样的横截面上沿半径方向取 6

个特征点，如图 5-36 所示。通过后处理得出特征点的等效应变随下模扭转角度的变化情况，如图 5-37 所示。通过图 5-37 可以发现，每个点的等效应变都会随着扭转角度的增加而逐渐增大，当扭转角度达到一定值时，等效应变不再发生变化，同时比较相同扭转角时不同位置特征点的等效应变，会发现半径越大的点的等效应变也越大，这与试样各部分的流动情况，和变形区的划分相一致。

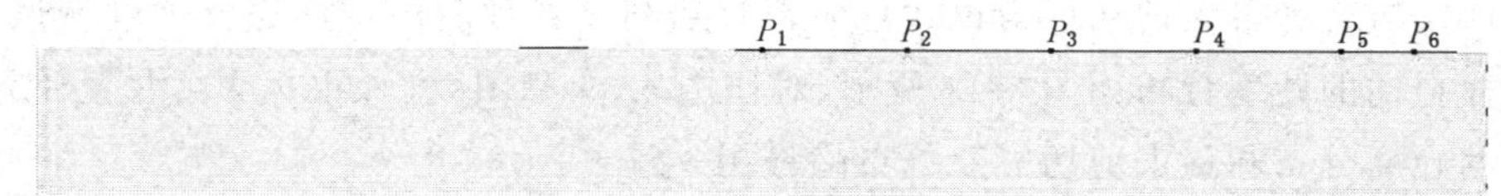

图 5-36　沿半径方向取特征点

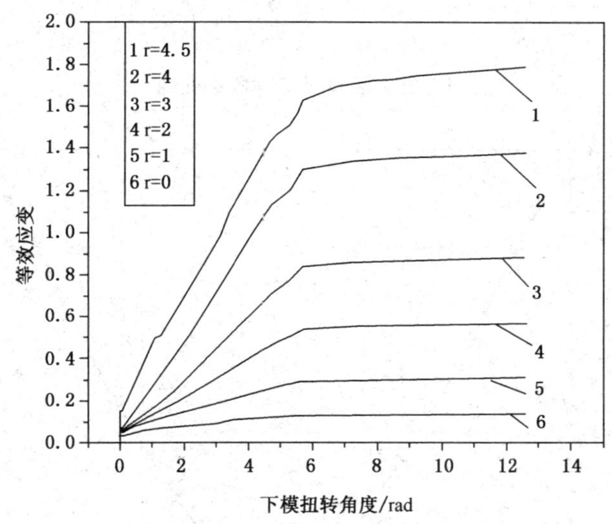

图 5-37　特征点等效应变随下模扭转角度的变化情况

高压扭转之所以能使材料细化主要是通过材料内部的剪切应力和剪切应变实现的，因此最大剪切应力和最大剪切应变可以真实地反映试样的受力和变形情况。通过公式(5-9)和(5-10)可以计算出某点的最大剪切应力和剪切应变：

$$\tau_{max}=\frac{1}{2}(\sigma_{max}-\sigma_{min}) \tag{5-9}$$

$$\gamma_{max}=\varepsilon_{max}-\varepsilon_{min} \tag{5-10}$$

式中 σ_{max}——特征点的最大主应力；

σ_{min}——特征点的最小主应力；

δ_{max}——特征点的最大主应变；

δ_{min}——特征点的最小主应变。

在 3 GPa 的压力下，下模扭转两圈，在扭转完成后的试样横截面上取 20 个特征点，如图 5-38 所示，在后处理中提取各点的最大主应力和主应变，并利用公式(5-9)和(5-10)计算出特征点的最大剪切应变和最大剪切应力，如图 5-39 和 5-40所示。通过观察图 5-38 和图 5-39 可以发现，在径向上试样的最大剪切应变和最大剪切应力对称分布，且随着半径的增大而逐渐增大，即离中心越远最大剪切应变和最大剪切应力也就越大。对超细晶处理后的试样进行硬度测试，试样径向的硬度分布如图 5-41 所示，对比图 5-39 和图 5-41 可以发现沿直径方向的硬度分布和最大剪切应变分布趋势相一致。

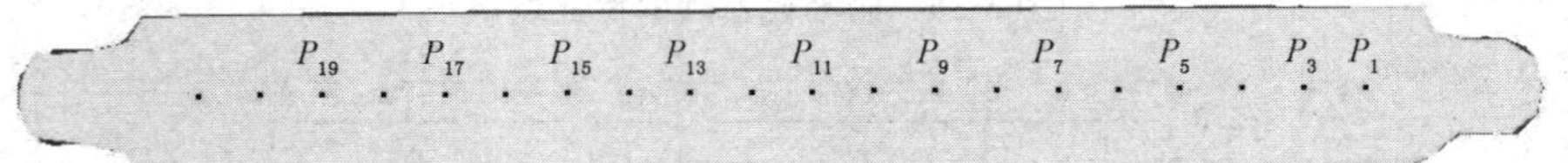

图 5-38 沿直径方向取特征点

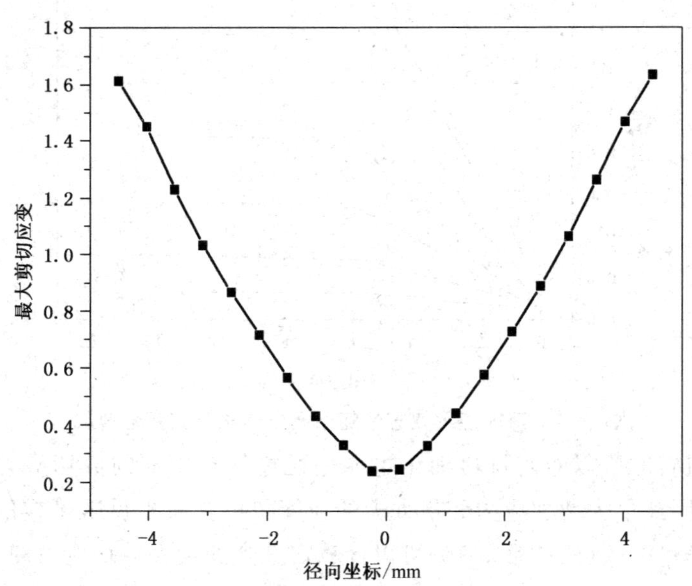

图 5-39 直径方向最大剪切应变分布

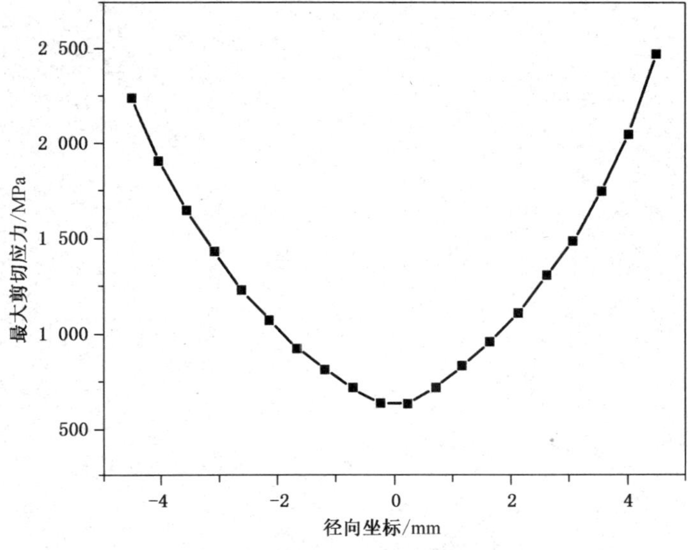

图 5-40　直径方向最大剪切应力分布

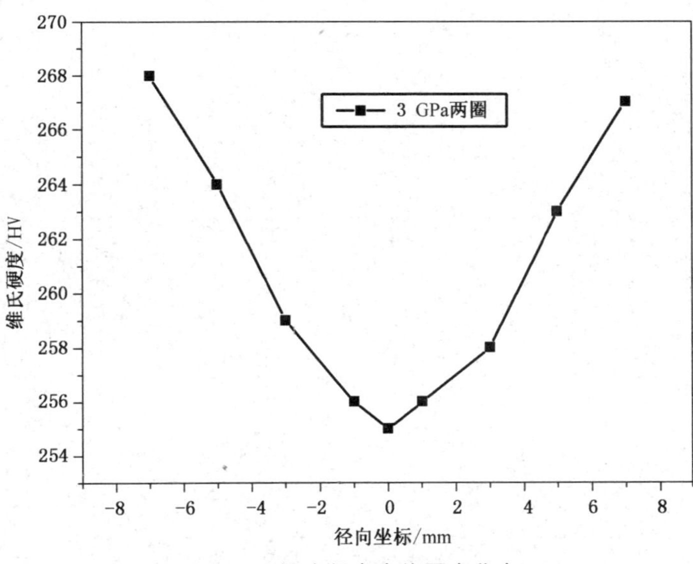

图 5-41　沿直径方向的硬度分布

5.9.3.2　高度方向应力应变分布

在 3 GPa 的压力下，下模扭转两圈，在试样的上表面取特征点，如图 5-42(a)所示。变形完成后的特征点分布如图 5-42(b)所示。对比图 5-42(a)和图 5-42(b)可以发现，变形前为直线分布的特征点，变形后呈曲线分布，这说明试样的各个部分发生相对运动，与图 5-31 各部分的速度分布相一致。

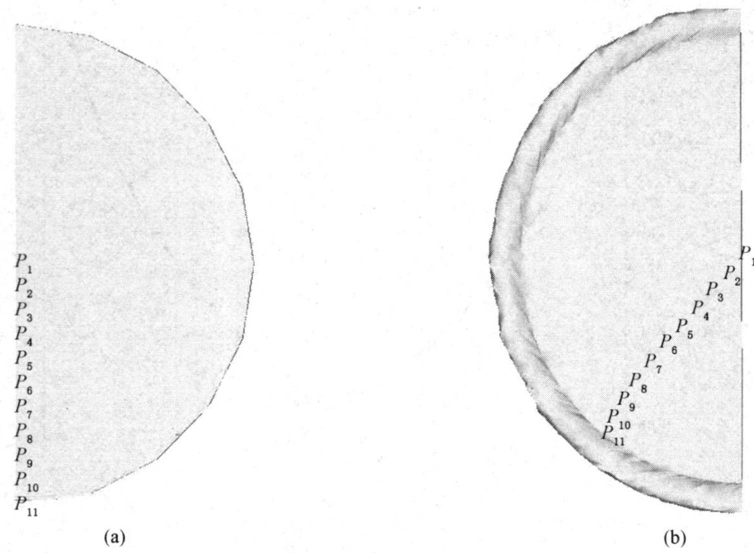

图 5-42 上表面扭转前后特征点分布对比

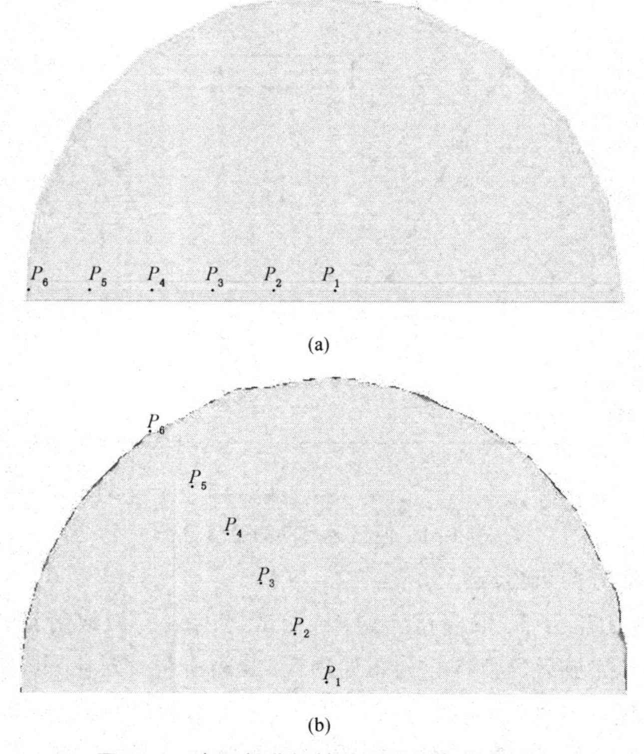

图 5-43 中间部分扭转前后特征点分布对比

变形开始前在试样的轴向中间截面上取特征点，如图 5-43 所示。变形完成后的特征点的分布如图 5-44 所示。比较图 5-43 和图 5-44 可以发现,变形前呈直线分布的特征点,变形完成后的特征点仍然呈直线分布。这说明中间部分的变形程度比较小。高压扭转过程中,与下模接触的试样部分在摩擦力的作用下随下模转动,由于上模保压,相对的与上模接触的试样部分相对下模向相反的方向发生转动。由于运动的相对性,与上下表面距离相等的轴向对称截面的金属,理论上相对于上下表面将不发生转动,因此中间层的特征点仍然呈直线分布。

经过高压扭转后,在试样的上、下表面和中间截面上分别取 20 个特征点,并通过公式(5-10)计算出这些特征点的最大剪切应变,如图 5-44 所示。通过观察图 5-44 可以发现,试样上下表面的最大剪切应变的分布基本重合,都要大于中间部分对应特征点的最大剪切应变,这是因为 HPT 过程变形首先发生在试样的上下表面,随着变形的不断增加,中间部分才开始变形,且变形的程度要小于上下表面。

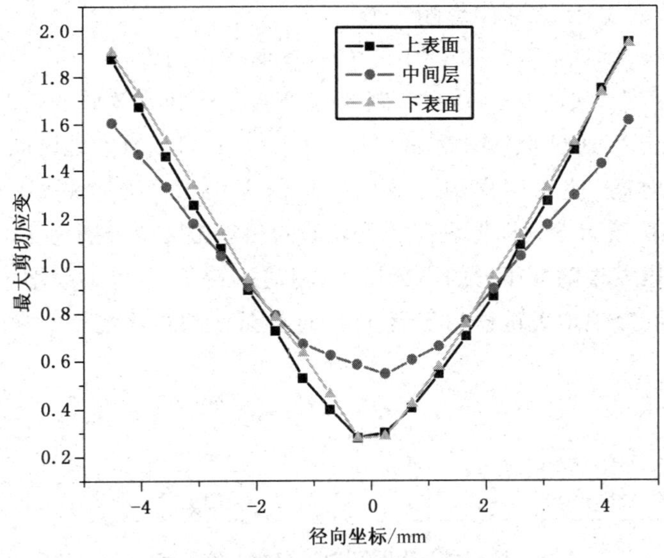

图 5-44　不同高度特征点最大剪切应变比较

5.9.4　扭转角度对 HPT 工艺的影响

观察图 5-43 和图 5-44 可以发现,在变形开始的阶段,随着下模扭转角度的增加,试样的等效应变逐渐增大,但当下模的扭转角度达到一定数值时,试样的等效应变并不再随着扭转角度的增大而增大,这是因为当下模扭转角度达到一定数值时,下模与试样之间会出现打滑的现象。因此下模的旋转角度不能准确地反映试样的变形情况,为此引入上下表面的相对扭转角 α_0,上下表面的相对扭转角 α_0 能够准确地反映试样的变形程度。

变形开始前在试样的侧面取3个特征点，如图5-45所示。变形后的特征点分布如图5-46所示。通过比较图5-45和图5-46可以发现原本呈直线分布的特征点，发生了相对的转动，经过测量发现在压力3 GPa下模扭转两圈的情况下，试样上表面和下表面的相对扭转角 α_0 为33°，而下模的扭转角度为720°。通过对比可以看出上下表面的相对扭转角与下模扭转角相差比较大。

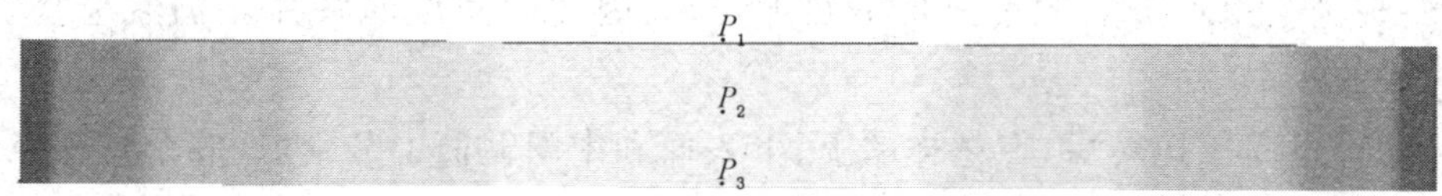

图5-45 变形前轴向特征点分布

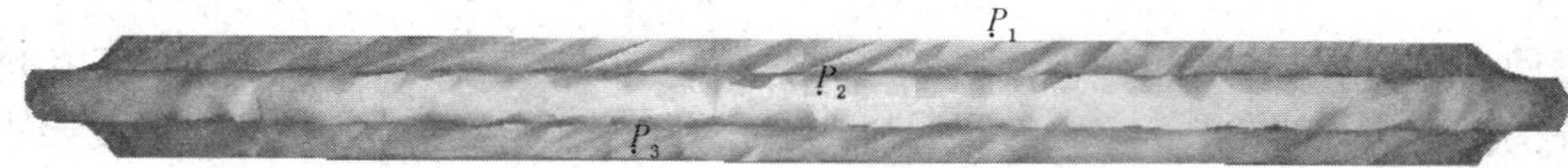

图5-46 变形后轴向特征点分布

5.9.5 压力对HPT工艺的影响

在3 GPa、4 GPa和5 GPa的压力下，下模扭转两圈，且在上表面取同一位置的点为特征点，如图5-47所示。观察三个特征点的等效应变随时间的变化，如图5-48所示。通过观察图5-48可知，增大压力，可以有效地延长试样与下模发生打滑的时间，使得试样的等效应变也随着增大。经过测量，在3 GPa、4 GPa和5 GPa压力下试样上表面和下表面的相对扭转角分别为33°、40°和46°。通过比较可以发现随着压力的不断增大，相对扭转角 α_0 也不断增大，这表明增大压力可以有效地增大试样的变形程度，增强试样的细化效果。

图5-47 不同压力下取同一特征点

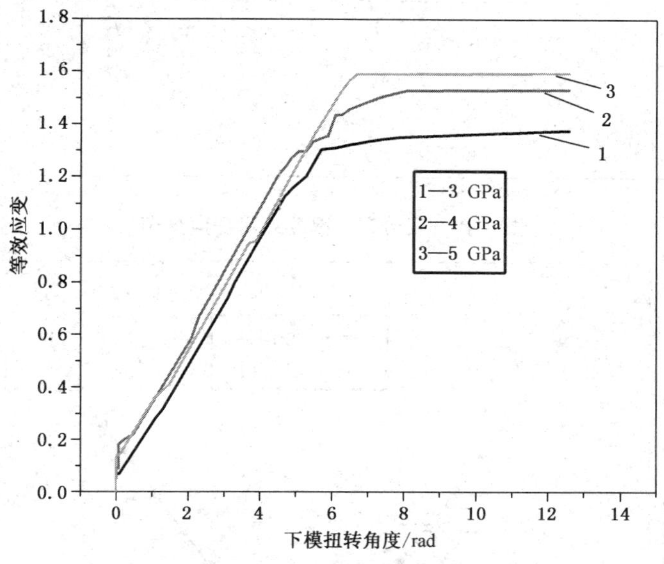

图 5-48　同一点等效应变随时间的变化

5.10　高径比对高压扭转工艺的影响

5.10.1　工艺参数

影响高压扭转工艺过程的因素有很多，摩擦因子、扭转角速度、高径比、温度等都会对高压扭转材料的组织性能产生影响。目前，大多数高压扭转实验的变形温度为室温，摩擦因子为 1，扭转的角速度为 2π/min。高径比对高压扭转工艺过程的影响，具体工艺参数如表 5-5 所示。

表 5-5　工艺参数表

工艺序号	上模压力/GPa	下模转速/(rad/s)	扭转角度/rad	直径 d/mm	高度 h/mm
1	3	0.1	4π	10	0.8、1、2、3、4、4.5
2	3	0.1	4π	15	0.8、1、2、3、4、4.5
3	3	0.1	4π	20	0.8、1、2、3、4、4.5

5.10.2　高径比对高压扭转应力应变分布的影响

对直径 d=10 mm，高度 h=0.8、1、2、3、4 和 4.5 mm 的试样进行模拟，并在经过高压扭转后试样的二分之一高度处和上表面分别取 20 个特征点，如图 5-49 所示。通过公式(5-10)计算出各个特征点的最大剪切应变，并比较相同直径但不同高度试样特征点的最大剪切应变，如图 5-50 和图 5-51 所示。

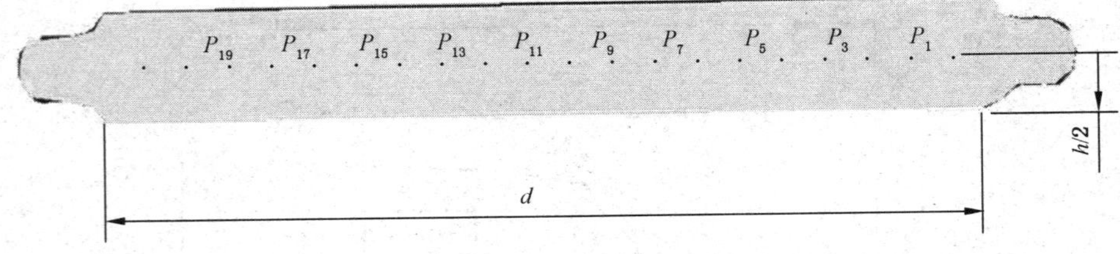

图 5-49 二分之一高度处特征点分布

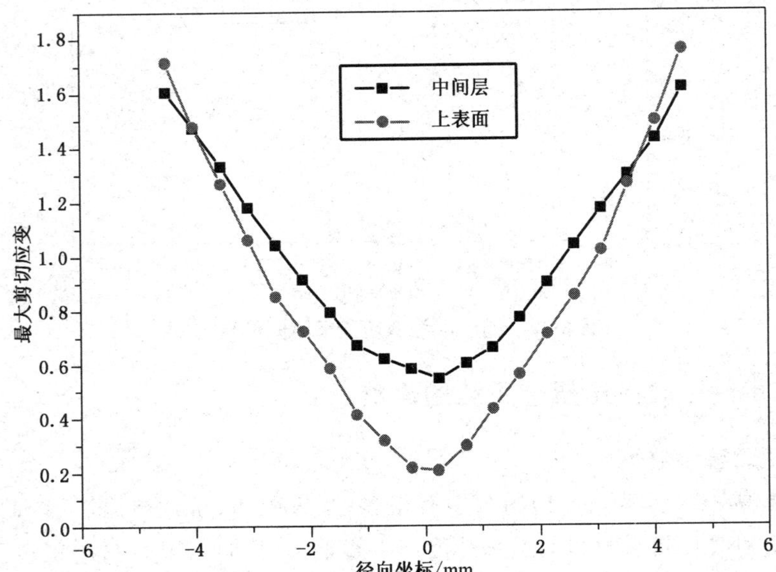

图 5-50 直径 10 mm、高度 1 mm 试样上中部分最大剪切应变比较

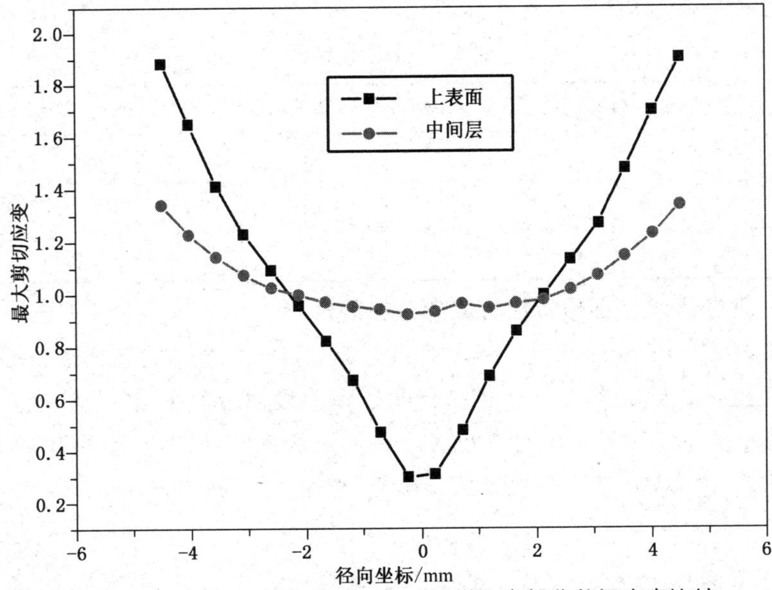

图 5-51 直径 10 mm、高度 4 mm 试样上中部分剪切应变比较

对比图 5-50 和图 5-51 可以发现随着高度的增加，上表面和中间部分的最大剪切应变的差异在逐步减小。这是因为高压扭转过程中的变形开始于试样的上下表面，并逐渐向试样的中部传递，随着高度的增加，变形向中部的传递越来越困难，导致中间部分的变形程度与上下表面变形程度的差异越来越大，中间部分的最大剪切应变曲线趋于平滑。

图 5-52 为直径 10 mm 不同高度中间部位最大剪切应变比较，通过观察图 5-52 可以发现，当试样高度 $h=1$ mm 和 $h=0.8$ mm 时的最大剪切应变基本重合，并且试样高度 $h=4$ mm 和 $h=4.5$ mm 时的最大剪切应变也基本重合，因此适合高压扭转工艺的高度存在一定的范围，超过这个范围以后，再增加或者减少高度，试样中部的最大剪切应变也不会再发生变化，变形将不能传递到试样的中间部分。分别对直径 $d=15$ mm 和 20 mm，高度分别为 $h=0.8$、1、2、3、4 和 4.5 mm 的试样进行模拟，并通过公式(5-10)计算相同直径不同高度的试样经过高压扭转工艺后中间部分的最大剪切应变，如图 5-53 和图 5-54 所示。

通过对比图 5-52、5-53 和 5-54 可以发现，随着高度的增加，直径越小的试样，中间部分的最大剪切应变变化越小，但三个试样的模拟结果都显示当试样的高度大于 4 mm 或者小于 1 mm 时试样中间部分的最大剪切应变都不再发生变化。所以可以得出适用于高压扭转工艺的高度范围为：1 mm$\leqslant h \leqslant$4 mm。

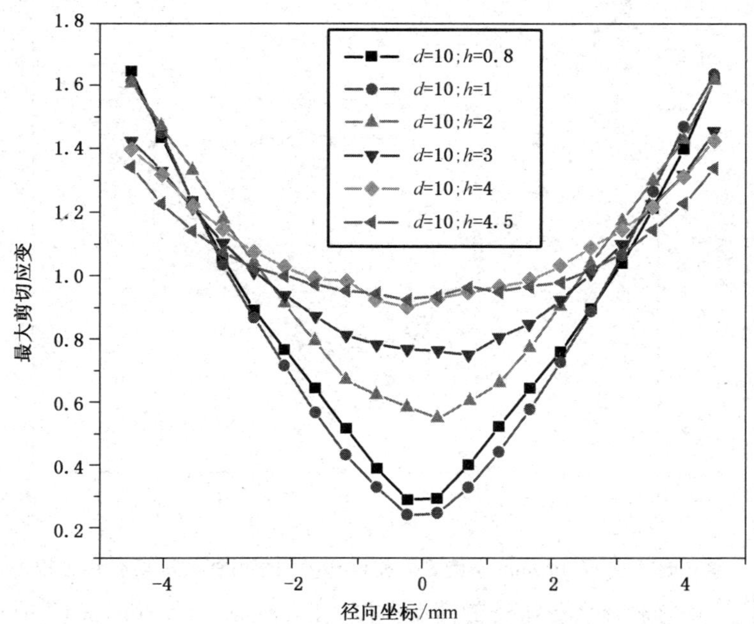

图 5-52　直径 10 mm、不同高度的试样中间部分最大剪切应变比较

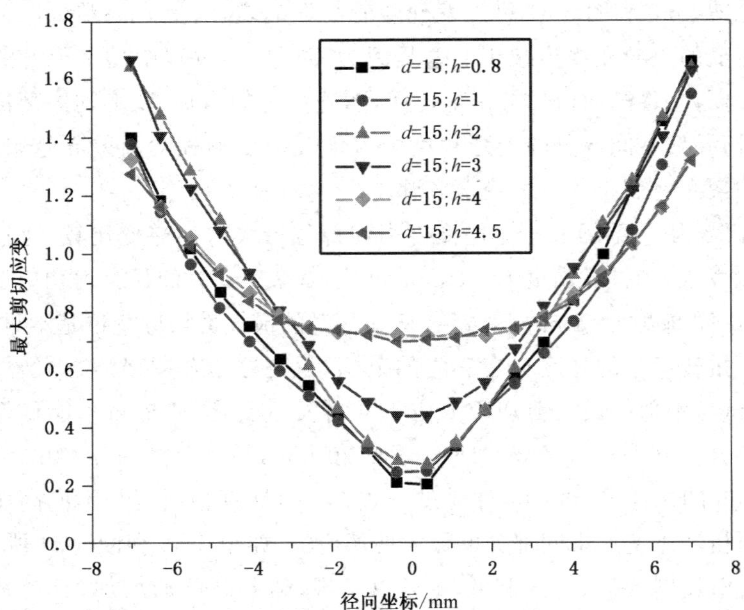

图 5-53　直径 15 mm、不同高度的试样中间部分最大剪切应变比较

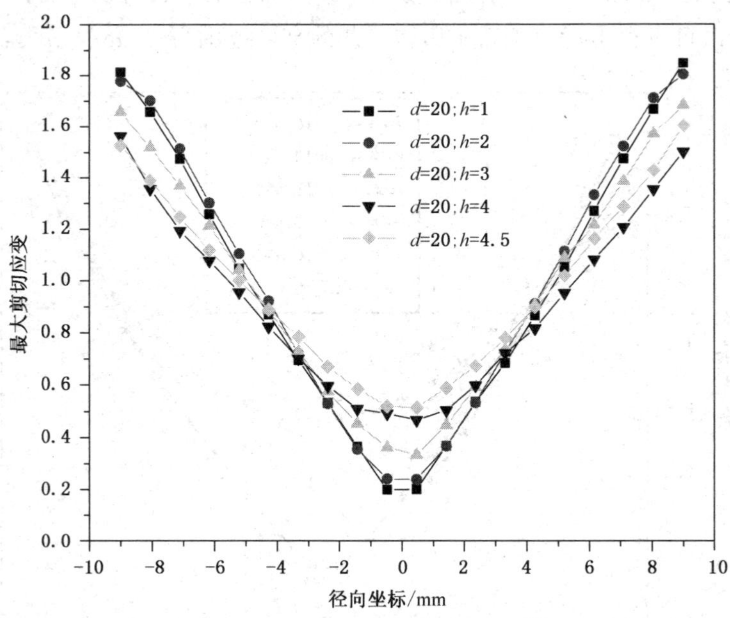

图 5-54　直径 20 mm、不同高度的试样中间部分最大剪切应变比较

为了研究最适合高压扭转的高度范围，在直径 $d=10$ mm，高度 $h=0.8$、1、2、3、4 和 4.5 mm 并且经过高压扭转工艺后试样的上表面取 20 个特征点，如图 5-55 所示。并计算这些特征点的最大剪切应变，如图 5-56 所示。观察图 5-56，

每个高度的最大剪切应变曲线都符合材料的流动情况，即中心区域流动最小，边缘部分流动最大，相应的中心区域的剪切应变最小，随着半径的增加，剪切应变逐渐增大。但对比不同高度的同一特征点，可以发现当高度 $h=2$ mm 和 $h=3$ mm 的最大剪切应变曲线要大于其他高度，这说明高度 $h=2$ mm 和 $h=3$ mm 时，试样的变形程度要大于其他高度，更适合于高压扭转工艺。为了验证是不是不同直径的高压扭转试样都具有比较适合的高度范围，分别在直径 $d=15$ mm 和 $d=20$ mm，高度 $h=0.8$、1、2、3、4 和 4.5 mm 并且经过高压扭转工艺后试样的上表面取 20 个特征点，并通过公式(5-10)计算这些特征点的最大剪切应变，如图 5-57 和图 5-58 所示。

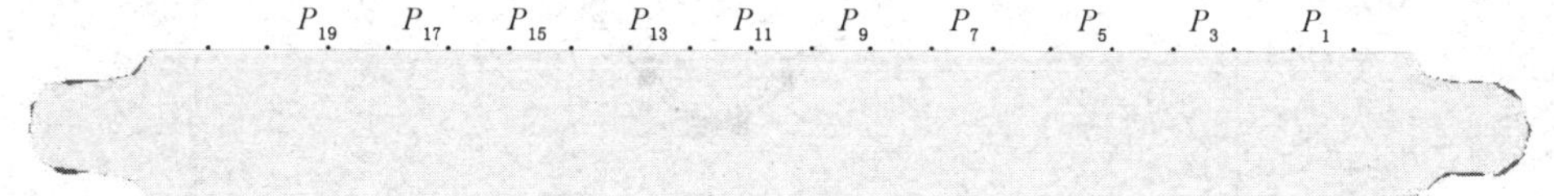

图 5-55　上表面特征点的分布

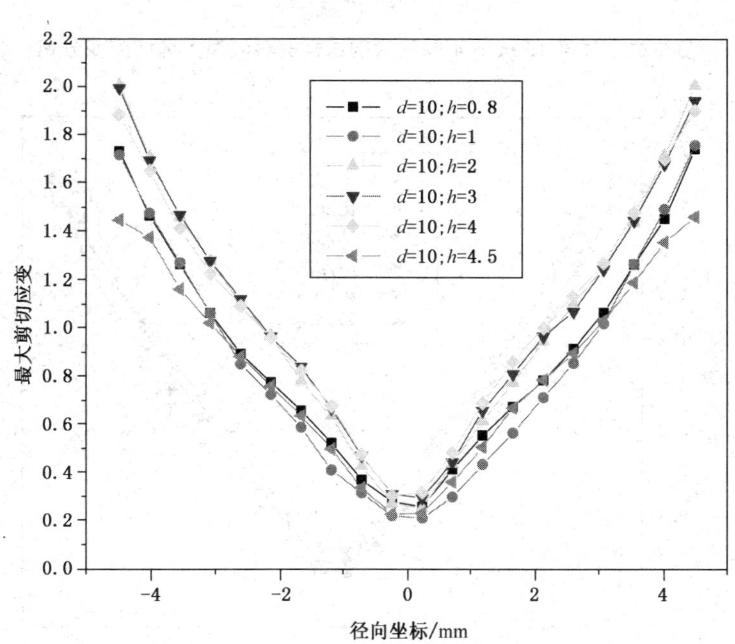

图 5-56　直径 10 mm、不同高度的试样上表面最大剪切应变分布

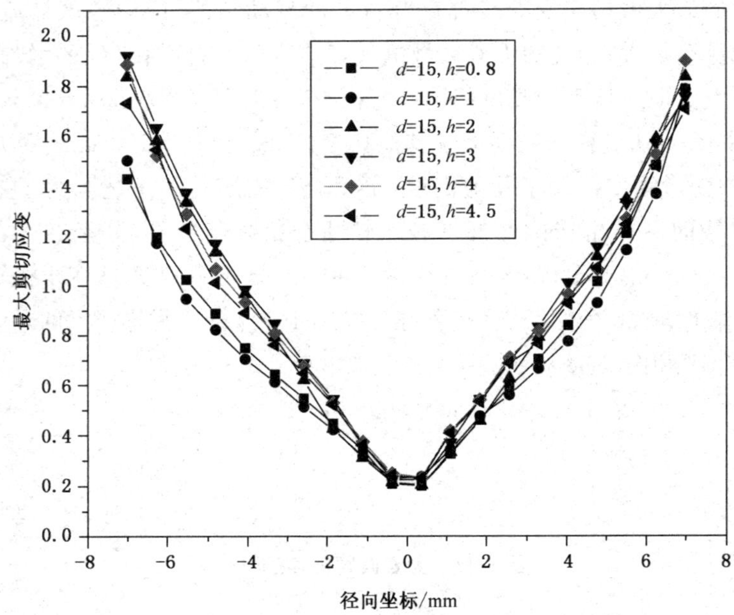

图 5-57　直径 15 mm、不同高度的试样上表面最大剪切应变分布

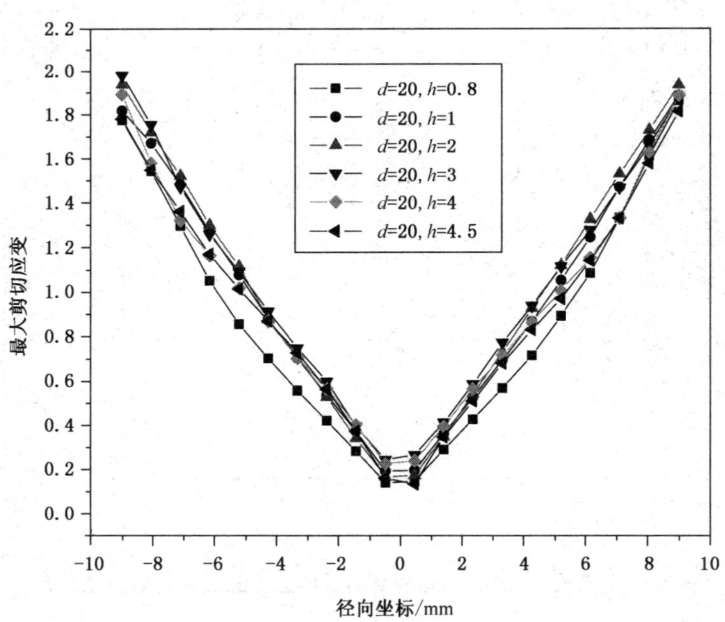

图 5-58　直径 20 mm、不同高度的试样上表面最大剪切应变分布

观察图 5-57 可以发现 $h=2$ mm 和 $h=3$ mm 时，上表面的最大剪切应变要大于其他高度，观察图 5-58 可以发现各个高度上表面的最大剪切应变相差不大，但 $h=2$ mm 和 $h=3$ mm 时试样的变形量大于其他高度。通过对三组高压

扭转试样的模拟很好地验证了适合高压扭转的高度范围为 1 mm≤h≤4 mm，并且当高度 2 mm≤h≤3 mm 时，试样的变形程度要大于其他高度，更适合于高压扭转工艺。

由公式(5-6)可知，在其他条件相同的情况下，高径比相同的试样经过高压扭转后变形程度相同，应该具有相同的等效应变。为了验证模拟的准确性，选取高径比相同，但直径和高度不同的三个试样，如表 5-6 所示。分别在三个试样的中间区域均匀选取 20 个特征点，这样相同特征点的高径比保持相同，通过公式(5-10)计算这些特征点的最大剪切应变，并进行比较，如图 5-59 所示。

表 5-6　同一高径比试样工艺参数

工艺序号	直径/mm	高/mm	高径比	压力/GPa	摩擦因子
1	10	2	0.2	3	1
2	15	3	0.2	3	1
3	20	4	0.2	3	1

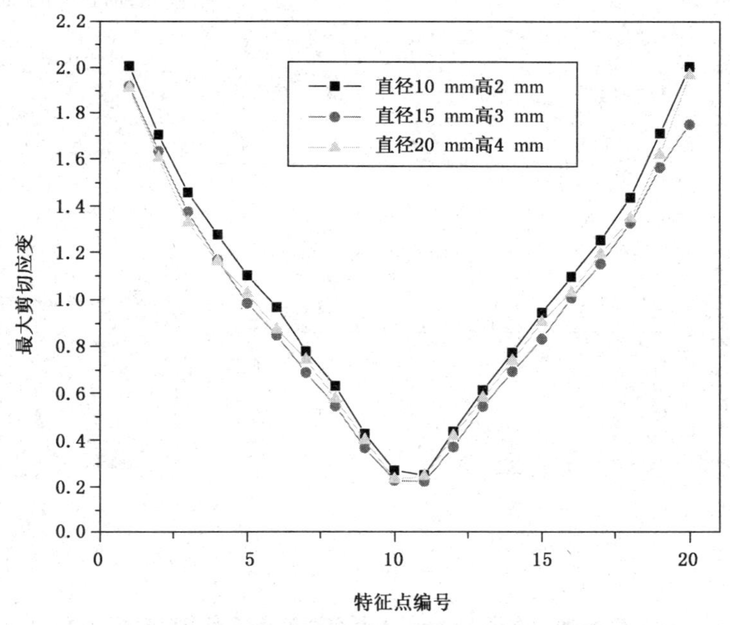

图 5-59　同一高径比、不同高度和直径中间层最大剪切应变分布

通过观察图 5-59 可知，虽然高度和直径都不相同，但有限元模拟所得的同一特征点的最大剪切应变基本相同，从而验证了模拟的准确性。

根据等效应变的分布把试样分为难变形区、小变形区、大变形区和挤出区。在 3 GPa 压力下，提取直径为 10 mm 高度 h=1、2、3 和 4 mm 且经过高压扭转工艺后试样截面上的等效应变云图，如图 5-60 所示。

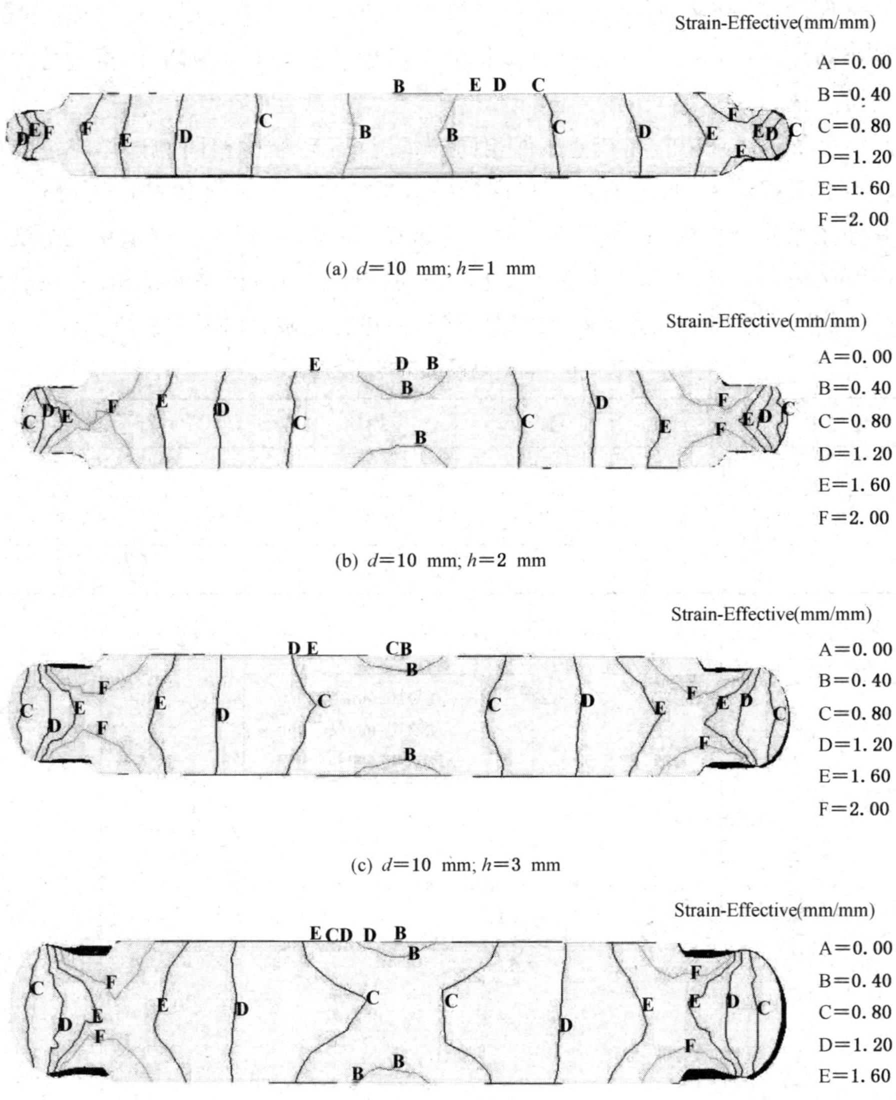

(a) d=10 mm; h=1 mm

(b) d=10 mm; h=2 mm

(c) d=10 mm; h=3 mm

(d) d=10 mm; h=4 mm

图 5-60 直径 10 mm、不同高度试样等效应变分布

通过观察图 5-60 可以发现随着高度的增加，小变形区和难变形区的范围都在逐渐减小，大变形区的范围逐渐增大。比较图 5-55(c)和(d)，可以发现试样分区的变化不大，但在高度方向上等效应变的分布却明显变得不均匀，中间部分的等效应变要明显小于上下表面，图 5-55 从等效应变分布上证明了比较适合 HPT 工艺的高度范围为 2～3 mm，从而验证了上面的结论。

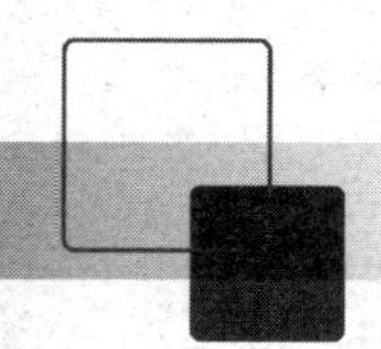

第 6 章　其他剧烈塑性变形工艺

6.1　累积叠轧焊合工艺

6.1.1　工艺原理及过程

累积叠轧焊合工艺(ARB)首先是由日本大阪大学 Saito 等提出的一种变形方法。因为 ARB 工艺在传统轧机上容易实现,而且制备的板材具有层压复合板的一些特性,所以 ARB 工艺在各种材料的制备中得到广泛应用。其原理是一个材料的不断堆叠和轧焊的过程。在焊接过程中,必须在再结晶温度以下的条件下进行,如果温度过高容易使材料再结晶,将会消除叠轧过程中产生的累积应变;相反,在低温条件下,就会使材料的延展性和结合强度下降,影响材料的性能。轧制是制备板材加工方法中最有优势的一种塑性变形工艺方法,但随着压下量的逐渐增加,材料尺寸则会相应地减小,因此导致材料的总应变量受到限制。为了配合微晶结构金属材料的工业化生产,Saito 等提出了一种新的大塑性变形方法来制备微晶结构材料,即累积叠轧焊合(Accumulative Roll-Bonding,ARB)法,如图 6-1 所示。轧制金属件在经过一系列的处理后而施加超高应变,可以获得高强度的超细、亚微米晶块体金属材料。目前,已经通过这种加工方法制备出了工业纯铝、钢材等超细晶块体金属材料。

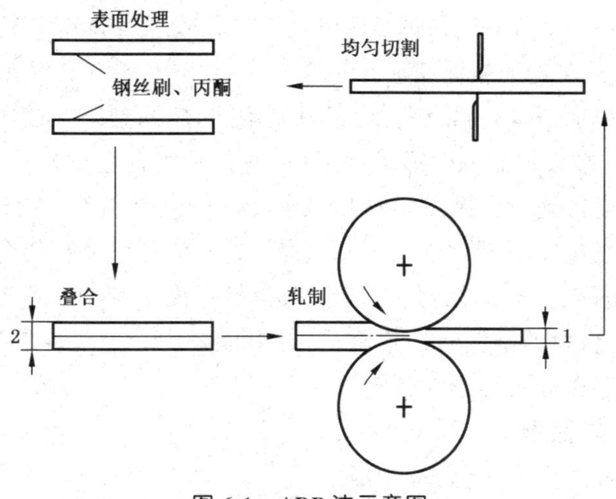

图 6-1　ARB 法示意图

6.1.2 应变的计算

累积叠轧(ARB)是将两块大小相同的合金板,经内表面打磨后用丙酮清洗,除去氧化物层和油脂后将其堆叠在一起,在表面没有润滑和适当温度下进行大压下量轧制,一般压下量在50%左右,然后将轧材分割为二,经表面处理,再次重复上述过程,其工艺示意图如图6-1。在累积叠轧中,轧材经过多次剪切、打磨、堆叠和大压下量轧制,可获得大的塑性变形。

ARB每道次的压下量为50%,若初始薄板厚度为t_0,经过n次叠轧后的厚度为:

$$t=\frac{t_0}{2^n} \tag{6-1}$$

经过n次叠轧后总的压下量r_t是:

$$r_t=1-\frac{t}{t_0}=1-\frac{1}{2^n} \tag{6-2}$$

应用Von Mises屈服准则,假设材料处于平面应变状态,没有宽展,则等效塑性应变可表示为:

$$\varepsilon_m=\frac{2}{\sqrt{3}}\ln\left(\frac{2^{n-1}h_0}{h_n}\right)=0.80n \tag{6-3}$$

式中 ε_m——累计应变;

h_0——母材厚度;

h_n——n道次的轧材厚度。

$$\varepsilon=\left(-\frac{2}{\sqrt{3}}\ln\frac{1}{2}\right)n=0.8n \tag{6-4}$$

例如,初始厚度为1 mm的薄板,经过7次叠轧后,板厚将变为原来的1/123,厚度减小为7.8 μm,总的压下量达99.2%,总的等效应变是5.6。可见ARB工艺很容易实现大塑性变形。

随道次的增加,材料的累积变形量急剧增加,轧制到第8道次,累积应变量可达到640%。在大的累积变形条件下,可使铝及铝合金材料的组织得到明显细化,强度、硬度得到大大提高。如Lee等人对6061铝合金(Al-Mg-Si合金)进行了8道次的累积轧制,得到宽20 mm、厚1 mm的超细晶粒铝合金板材,其晶粒尺寸由母材的25 μm细化到310 nm,其抗拉强度达到363 MPa/mm^2。但经过累积轧制后,材料的塑性有一定降低,这可能是由于经过轧制后晶粒发生了畸变以及内部存在分层等原因造成的。

6.1.3 工艺影响因素

累积叠轧焊过程有三个关键因素:

(1) 表面处理对轧制焊接的成败至关重要。丙酮清洗是为了去除金属表面

的污染物(油脂、水分和灰尘)。在轧制的过程中这些污染物会阻碍金属间的接触,进而影响焊接效果。钢刷打磨对成功轧制有三个主要贡献:1)去除氧化皮,过厚的氧化皮也会对金属间的接触有阻碍作用,去除氧化皮可以增加金属板材间的接触面积,有助于成功轧制;2)形成粗糙的表面,轧制的过程中沟壑众多的粗糙表面有助于金属板材间的相互咬合,进而有助于机械焊合;3)形成硬脆的加工硬化层,金属表层经过钢刷打磨后,会造成加工硬化,在轧制的过程中,硬化了的金属表层很容易发生破裂,被挤出的几乎无氧化的次表层新鲜金属很容易发生焊合,最终达到板材间成功焊接的目的。

(2) 表面处理完成后需要迅速进入步骤 2)和 3)的过程。金属暴露在空气中的时间越长,形成的氧化层越厚,对轧制焊接越不利。

(3) 步骤 3 的轧制过程需要对轧制参数进行合理的调整。1)压下量。轧制压下量对板材间的结合强度有很大的影响,一般压下量越大,结合强度越高。板材间结合强度刚好大于 0 的压下量为该种材料的轧制焊接门槛值。累计叠轧焊单道次的压下量一般选择在 50%,主要因为该压下量可以保证轧制后板材的厚度不发生改变,而且 50%压下量一般足以超过可叠轧焊接金属的轧制焊接门槛值。2)轧制速度。同等压下量条件下,一般轧制速度与板材间结合强度成反比。主要是因为轧制速度越慢,作用力的时间越长,板材间的结合强度越高。3)轧制焊接温度。一般轧制温度越高,材料间的焊接效果越好,但是过高温会促使材料的晶粒长大,不利于制备超细晶金属板材。

6.1.4　制备材料的特性

经累积叠轧焊的材料具备两个特性:(1)大塑性变形性。材料在低于再结晶温度条件下经历多道次轧制,由于多道次累积塑性应变效应,使材料发生了采用一般技术难以实现的大塑性变形,材料的组织发生了显著的变化。层错能较高的金属,在变形过程中容易发生回复,形成超细晶粒;层错能较低的金属,在变形过程中形成变形亚结构,因而材料在性能上发生明显改善,如强度升高、低温超塑性等。(2)界面特性。由于叠轧过程本身的特点,在材料中形成了很多连接界面,随着轧制道次的增加,这些界面在光学显微镜下会越来越不明显,但不会消失,这些界面的存在会大大降低裂纹的扩展能力,提高材料的断裂韧性和损伤容限性能。6061 铝合金经过 8 个道次轧制后显示了超细晶结构,平均晶粒尺寸为 310 nm。

表 6-1 所列为每道次以 50%的压下量对板厚为 0.5 mm 的板材进行堆叠和轧焊后的几何形状变化概况。试样经 ARB 加工 m 次循环过程后原始板材所包含的层数变为 2^m。如试样经 10 次循环 ARB 加工后,所包含的层数变为 1 024,这意味着原始材料的厚度将小于 1 μm。

表 6-1 每道次以 50%的压下量对板厚为 1 mm 的板材进行堆叠和轧焊后的几何形状变化

道次	层数	减薄量/%	等效应变
1	2	50	0.80
2	4	75	1.60
3	8	87.5	2.40
5	32	96.9	4.00
10	1024	99.9	8.00
m	2^m	$(1-1/2^m)\times 100$	$\left(\frac{2}{\sqrt{3}}\ln 2\right)m$

ARB 加工工艺的主要优点是:生产效率比较高,可以生产比较大尺寸的纳米结构板材,而且不需要专用设备,因而更满足工业化生产的要求,更适于工业化生产。它的主要缺点是通过 ARB 制备的金属材料其延展性很低,可能会达不到厂家对生产零件的要求。

另外,ARB 工艺存在材料裂纹的缺陷。由于在轧焊过程中产生的累积塑性应变,通常会导致板材在轧焊后产生一些边缘裂纹的缺陷。现在,采用 ARB 工艺加工金属材料要具有良好的延展性和塑性变形能力,如纯铝、铜及铁,而且不会出现任何的边缘裂纹;对于塑性比较差的金属材料,可以通过加热到较高温度后再叠轧,如镁合金。

ARB 变形能显著细化晶粒组织,原始晶粒为 23 μm 的 IF 钢在温度为 500 ℃、等效应变为 4.0 下 ARB 变形时,晶粒变为 210 nm×700 nm 的长条状,细化形成的 UFG 中存在位错和亚晶界,同时大多数 UFG 组织均被大角度晶界所包围。ARB 工艺中的晶粒组织演变过程可归纳为三个阶段:当应变量较小时,可以观察到位错胞的形成,随多方向滑移的启动,位错胞不断得到细化,位错胞内的位错密度相对较低;随应变量的增加,位错胞转变为超细的亚晶;在更大的应变时,组织的演变主要为亚晶界转变为大角度晶界,此时小角度晶界不断转化为大角度晶界形成新晶粒。

其晶粒细化机制可能为以下两种:一种是在板材表面及次表面存在剧烈的剪切变形。ARB 过程中通常为了获得良好的界面结合而不使用润滑,因此,每次 ARB 过程中均会在表面区域产生较大的剪切变形,该剪切应变大大增加了 ARB 过程的等效应变,且在下一道次 ARB 变形过程中,材料的一半表面因焊合在一起而成为厚度的中心部分,从而使高道次 ARB 后具有较大剪切变形的表面区域沿厚度分布很复杂;经过多道次后,在整个厚度区域均发生大的应变。另一种机制则是新表面的介入。多道次循环轧制后,ARB 材料中引入大量新的表面，这些表面呈现良好的纤维组织。表面的氧化膜和夹杂物通过反复的 ARB 过程，呈均匀弥散分布。这些物质可强化材料，成为晶粒长大的障碍物。

图 6-2 给出了原始板材和经过不同道次 ARB 变形的板材的 EBSD 取向图，同时给出了大小角度晶界的信息。将取向差大于 15°的晶界定义为大角度晶界（High Angle Grain Boundary，HAGB），将取向差为 2°～15°的晶界定义为小角度晶界（Low Angle Grain Boundary，LAGB）。HAGBs 用粗界线表示，LAGBs 用细界线表示，如图 6-2(a)所示，原始轧制态板材的组织很不均匀，粗大晶粒与细晶共存，粗大晶粒中存在大量小角度晶界。经过 1 道次 ARB 变形，晶粒发生细化，但是组织明显不均匀，仍然存在较大尺寸的晶粒，在粗大晶粒内部存在大量 LAGBs，但是数量明显减少，如图 6-2(b)所示；进一步的 ARB 变形使组织逐渐细化、均匀化，经过 3 道次 ARB 变形的组织已经相对均匀，LAGBs 数量进一步减小，HAGBs 不断增加，如图 6-2(c)所示；经过 5 道次 ARB 变形的组织则表现出更细小的晶粒，LAGBs 很少，组织大部分为典型的 HAGBs，但是，即使经过 5 道次 ARB 变形，组织中仍有少量粗大晶粒存在，如图 6-2(d)所示。值得注意的是，细晶组织趋向于分布在大尺寸晶粒周围（图 6-2(c)）。

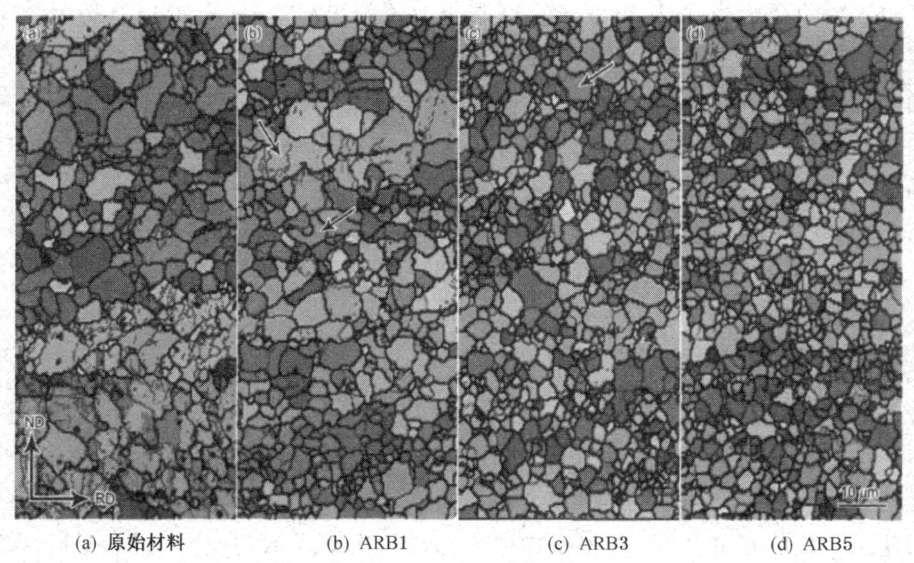

(a) 原始材料　　(b) ARB1　　(c) ARB3　　(d) ARB5

图 6-2　原始板材和经过不同道次 ARB 变形的 AZ31 板材的 EBSD 取向图

ARB 工艺是一种崭新的技术，是适应时代的需要，随着材料加工技术的不断发展而产生的，尽管目前相关研究领域的人员较少，取得的成果也不多，但是 ARB 工艺的发展潜力是巨大的，一方面它为细化金属晶粒提高金属性能提供了能够规模化生产的比较可靠的方法；另一方面，它为不同金属的复合，生产新复合材料提供了新的方向。此外，与其他剧烈塑性变形技术相比，ARB 技术具有自身突出的优越性，主要表现在：(1)成本较低，工艺简单。仅通过 ARB 变形，不需要添加合金元素，且该工艺不需要特殊的设备；(2)生产率高，可以生产大尺寸的材料，容易实现工业化生产。当然，ARB 还是一种不成熟的工艺，还存在一些未解决的和不定的影响因素，例如界面脱脂、打磨要求；强度提高与塑性降低问题；超细晶粒塑性不稳定性问题。此外，目前 ARB 的研究还主要处在对材料微观组织与力学性能的探讨上，对材料的综合性能、成形性及工艺拓展等方面还没有深入地研究。因此，ARB 还需要不断地完善与发展，以达到工业化生产超细晶粒金属的目的。

6.2 限制模压变形

6.2.1 工艺原理

限制模压变形法(Constrained Groove Pressing，CGP)是新近开发的一种适用于制备大体积超细晶金属板材的 SPD 法，其基本原理是在不改变试样截面尺寸的情况下，分别采用槽模与平模对试样施加反复剪切变形，使其受到的应变不断累积，从而达到细化晶粒的目的。与传统 SPD 法相比，CGP 法能够有效克服等径角挤压法、高压扭转法难以制备大体积板材试样的缺点；成功避免了累积叠轧焊合技术制备过程中对板材的叠合面、轧辊表面以及环境气氛等的苛刻要求；改进了反复褶皱压直法变形过程中对材料施加的类似于低周疲劳变形的弯曲变形方式；对材料施加的是剪切变形；更容易累积有效应变而达到细化晶粒的目的。因此，CGP 法迅速成为研究热点，并已在商业纯铝、商业纯铜以及两相铜锌合金上成功地实现了晶粒细化。

6.2.2 工艺分类

限制模压变形法可分为平行模压变形、180°交叉模压变形和 90°交叉模压变形等多种。

6.2.2.1 平行模压变形

平行模压变形工艺流程如图 6-3 所示。每道次的平行模压变形包含五个步骤：1)使用槽模对试样进行剪切变形，此时在试样中存在变形区和未变形区；2)使用平模将试样压平，使得试样的变形区再次承受剪切变形，而未变形区仍然没有受到剪切变形；3)将试样绕 Z 轴旋转 180°；4)再次使用槽模对试样进行剪切变形，此时步骤 1)和 2)中的未变形区承受剪切变形；5)再次使用平模将试样压平。这样整个试样都获得等量等效应变，定义为变形 1 道次。重复上述步骤，直至完成所需的变形道次。

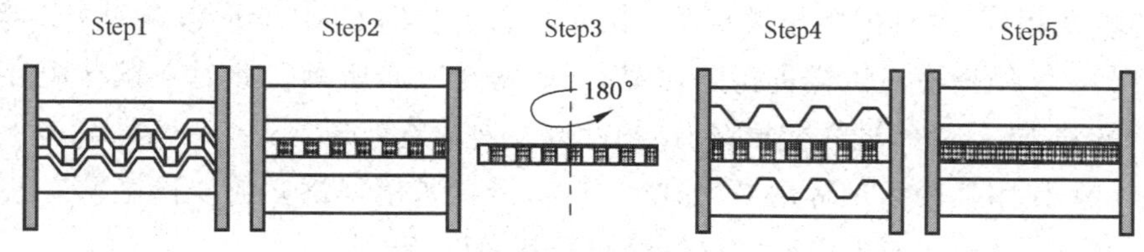

图 6-3　平行模压变形工艺流程图

6.2.2.2　180°交叉模压变形

180°交叉模压变形工艺流程如图 6-4 所示。每次 180°交叉模压变形循环包含三个步骤:1)首先对试样进行 1 道次的平行模压变形;2)将试样绕 Z 轴旋转 90°;3)再次进行 1 道次平行模压变形过程。如此,完成以上三个步骤后,整个试样获得相当于平行模压变形 2 道次的等量等效应变,同样定义为变形 2 道次。重复上述步骤,直至完成所需的变形道次。

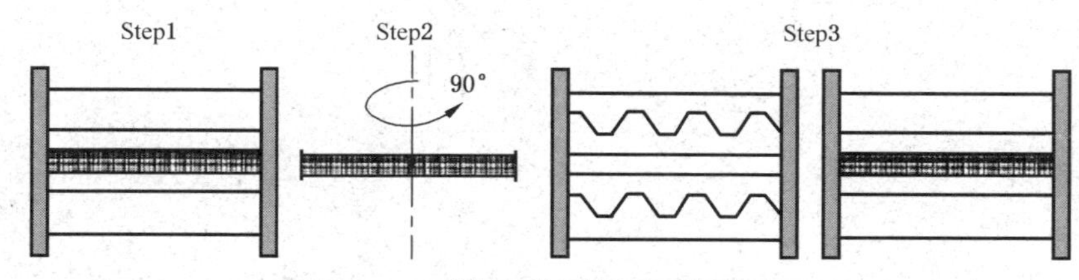

图 6-4　180°交叉模压变形工艺流程图

6.2.2.3　90°交叉模压变形

90°交叉模压变形工艺流程如图 6-5 所示。每一 90°交叉模压变形循环包含五个步骤:1)使用槽模对试样进行剪切变形;2)使用平模将试样压平;3)将试样绕 Z 轴逆时针旋转 90°,重复步骤 1)和 2);4)再将试样绕 Z 轴逆时针旋转 90°,重复步骤 1)和 2);5)再次将试样绕 Z 轴逆时针旋转 90°,重复步骤 1)和 2);这样整个试样都获得等量等效应变。

90°交叉模压变形的实质是在变形 2 次(1 次压弯和 1 次压平)后,将试样绕 Z 轴旋转 90°进行重复变形,且每次旋转的方向相同。在完成 8 次变形后,整个试样获得相当于平行模压变形 2 道次或 180°交叉模压变形 2 道次的等量等效应变,同样定义为变形 2 道次。重复上述步骤,直至完成所需的变形道次。

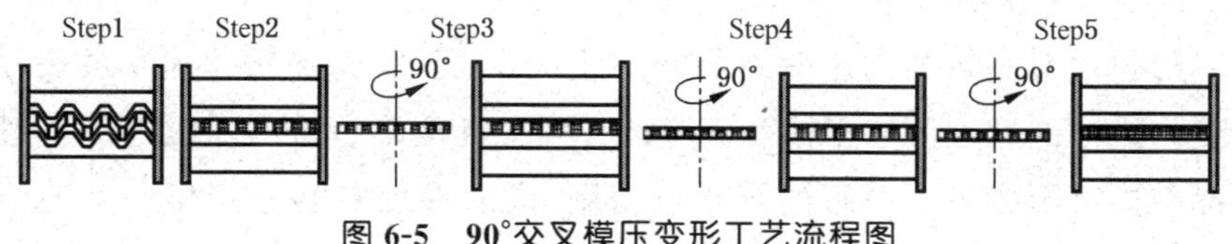

图 6-5　90°交叉模压变形工艺流程图

6.2.3　工艺过程

CGP 模具如图 6-6 所示,其中模具齿宽为 t,模具斜面角 $\theta=45°$,模具的齿高与齿宽相等，模具齿廓处没有设计圆角。每道次的CGP变形包含四个步骤：

(1) 使用槽模对试样进行剪切变形(如图6-5(a)所示)，此时在试样中存在变形区和未变形区，试样变形区获得0.58左右的有效应变；

(2) 使用平模将试样压平(如图6-5(b)所示)，使得试样的变形区再次获得0.58的有效应变，而未变形区仍然没有受到剪切变形；

(3) 将试样绕Z轴旋转180°，重复步骤(1)，此时步骤(1)、(2)中的未变形区承受剪切变形；

(4) 再次使用平模将试样压平，这样整个试样均可获得等量有效应变$\varepsilon=1.16$，并保持试样三维尺寸不变。

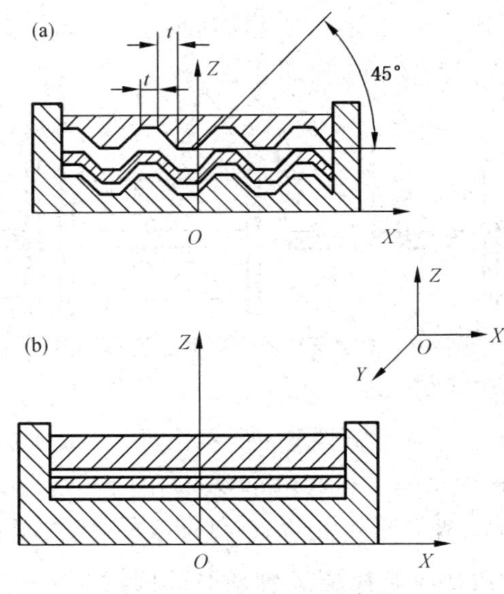

图6-6 CGP模具示意图

6.2.4 影响因素

从模压变形法所采用的模具及其工艺路线，可以得出模压变形法的几个主要影响因素：如限制作用、模具齿宽、变形道次、模压温度、模压方式、模压速率和润滑条件等。

(1) 变形道次的影响

变形道次对晶粒细化速率的影响：2道次变形时的晶粒细化速率最快，之后随着变形道次的增加因趋于饱和而降低。组织随变形道次的变化过程一般是：粗大晶粒内部形成趋于一致的细小位错胞，之后形成具有一定位向差的亚晶，最后亚晶转变为具有清晰大角度晶界的等轴细晶粒。

变形道次对显微硬度的影响：总体上是随着变形道次的增加，显微硬度值逐渐增加，分布均匀性也得到提高，然而，在有效应变达到4.64之后，如果晶粒有一

定程度的长大，并且晶粒内部的位错大量地减少，则会出现显微硬度降低的现象。

变形道次对抗拉强度和伸长率的影响：总体上也是随着变形道次的增加，抗拉强度在 2 道次变形后会有很大的升高，延伸率则会有较大的下降，之后继续上升或下降的幅度都比较缓慢。

(2) 模压温度的影响

模压温度对细化能力的影响比较微弱，研究认为：在低温下进行剧烈塑性变形时，有利于制得更小尺寸的细晶(尺寸可在纳米尺寸范围)。模压温度对显微硬度的影响比较显著，显微硬度平均值都随着变形道次的增加而增加。模压温度对抗拉强度和伸长率也有比较大的影响，在室温下变形的抗拉强度随着变形道次的增加而增加。变形后试样的伸长率，都是经 2 道次变形之后下降最快，之后减小量减少。

(3) 模具齿宽的影响

增加模具的齿宽可以减小试样内应力最大值(对应于模具齿的转弯处的应力)，从而增加了变形的道次，而变形道次的增加可以提高试样变形的均匀性。因此，增加模具的齿宽可以改善材料在模压变形过程中的应变状态，以得到提高细化晶粒效果的目的。

6.2.5　对组织性能的影响

表 6-2 为 5052 铝合金经 CGP 变形前后 *XOZ* 面的平均显微硬度值。由表 6-2 可以发现，模具的齿宽对变形试样平均显微硬度值的影响不大。并且，5052 铝合金经不同齿宽模具变形后，*XOZ* 面的平均显微硬度值及误差区间，表现出同样的变化规律。首先，经 CGP 变形 1 道次后，显微硬度急剧上升，增幅在 50%左右；其次，显微硬度值随着变形道次的增加而增加，但增幅不大；再次，随着变形道次的增加，误差区间明显降低，表明随变形道次的增加，试样的组织结构趋于均匀。

表 6-2　CGP 变形 5052 铝合金平均显微硬度值

CGP 变形方式		显微硬度/HV
模具齿宽/mm	变形道次	
未变形		49.58±2.41
2	1	75.50±10.78
	2	77.89±10.59
	3	80.72±6.16
4	1	73.23±15.86
	2	74.80±11.15
	3	77.01±7.86

6.3 循环往复挤压工艺

6.3.1 工艺原理及应变计算

图 6-7 为循环往复挤压的工作原理，往复挤压技术将正挤压与镦粗的过程相结合，从而使试样在往复挤压变形后形状保持不变，因而可以产生很大的应变。由于往复挤压技术具有的独特优势而得到了快速发展。该技术最初由 M. Richet等于 1979 年发明，并申请专利。往复挤压的模具由上下冲头、两个模腔以及连接两个模腔的紧缩区组成。两个模腔横截面积相同，且中心线重合。在往复挤压过程中，冲头 A 在压力 P 的作用下挤压试样到达紧缩区，此时试样发生挤压变形，当试样到达另一个模腔时，在冲头 B 的作用下，试样发生镦粗变形。然后，冲头 B 重复上述过程，把试样压回，完成一个往复过程，不断重复上述过程，当达到变形要求时，撤去一个压头，将试样挤出成形，实现了试样的剧烈塑性变形，使材料得到充分细化。试样在往复挤压过程中经历了挤压和镦粗两种变形过程，对于镁合金等难变形金属挤压过程容易实现，而镦粗过程难以实现，所以与高压扭转过程相比较，往复挤压适用范围小。往复挤压过程如果挤压比过大会导致镦粗过程失稳，所以往复挤压过程中的挤压比不能过大，受挤压比的限制，往复挤压工艺的晶粒细化能力要弱于高压扭转工艺。

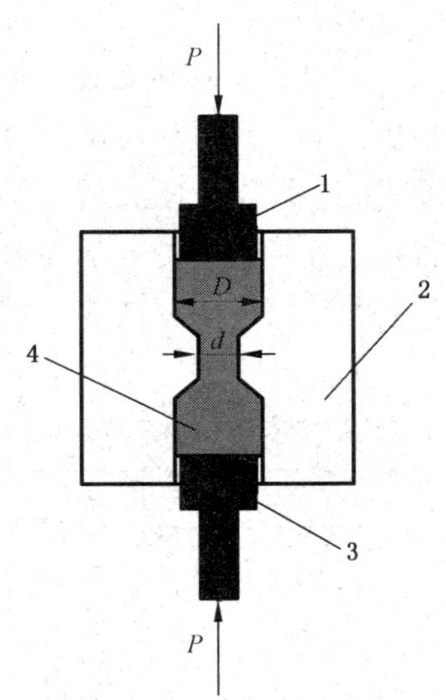

1—冲头 A　2—模具　3—冲头 B　4—试样

图 6-7　往复挤压工作原理

由于试样两端受到很大静水挤压应力作用，因而采用该方法不会产生断裂和裂纹。其累计真应变量可用式(6-5)计算：

$$\varepsilon = 2n\ln\frac{D_0^2}{D_m^2} = 4n\ \ln\frac{D_0}{D_m} \tag{6-5}$$

其中，D_m 表示挤压筒直径，D_0 表示模具缩颈区直径，n 表示往复挤压道数。

6.3.2 模具结构

往复挤压主要有两种模具结构，即 J. W. Yeh 式和 M. Richert 式。J. W. Yeh式的典型特点是整体式，如图 6-8(a)所示，由两个圆柱形模腔、两个冲头和一块夹在其中的整体式凹模构成。M. Richert 式的典型特点是组合式，如图6-8(b)所示，凹模 1 被平分为两半，依靠螺栓 4、5 连接成一个整体，再通过螺栓 7、8 固定在框架 6 上，框架 6 通过悬臂梁 9 与挤压机的滑块相连接，内框架 10 和悬臂梁 9、13 通过螺栓 11 和 12 连接到挤压机，冲头 2 和冲头 3 将挤压力作用于材料，使材料产生往复挤压。M. Richert 组合式的优点在于加工容易，模腔和紧缩区的同轴性好，但是由于凹模被平分为两半，在较大的挤压力和较高的挤压温度下，挤压材料可能发生泄漏，沿分型面渗出，在分型面上产生“飞边”。J. W. Yeh 整体式的优点在于将凹模和模腔分开，可以采用不同的材料，节约贵重材料；也可以方便地更换中间的凹模，以获得不同的挤压比，缺点在于较难控制挤压筒和凹模的同轴度。还有一种是采用 C 形弯曲通道的往复挤压技术，如图 6-9 所示。

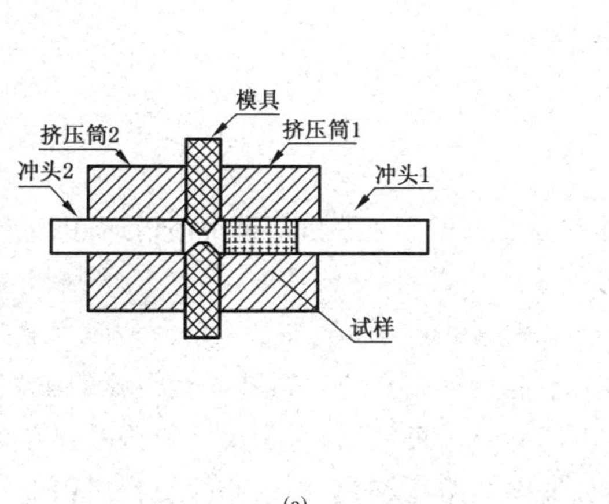

(a)

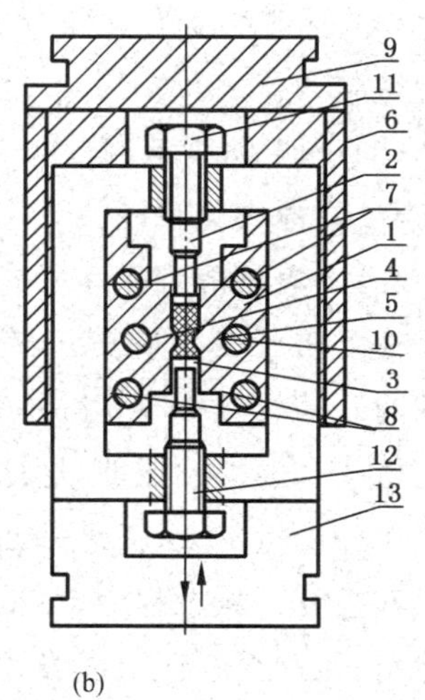

(b)

图 6-8 往复挤压示意图

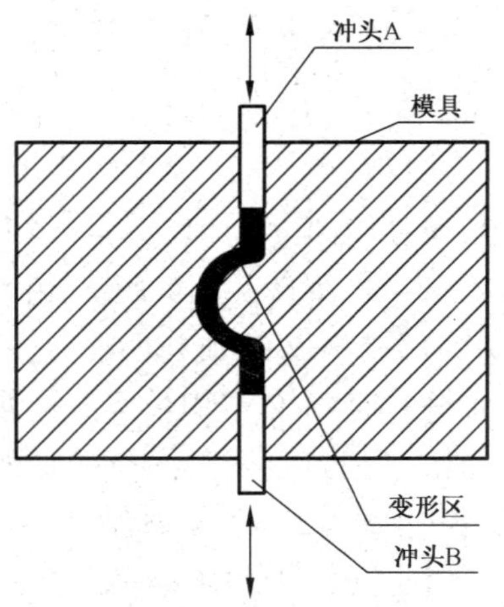

图 6-9　C 形等通道往复挤压

6.3.3　工艺特点

往复挤压法具有以下特点：

(1) 能够制备大体积均匀超细晶材料，有望投入商业应用；

(2) 可使金属和合金获得任意大的应变而不发生破裂；

(3) 连续变形，无须改变试样的原始形状；

(4) 材料在变形过程中基本处于压应力状态，有利于消除材料初始组织的各种缺陷；

(5) 加工温度范围广。

6.3.4　晶粒细化机制

6.3.4.1　再结晶细化

往复挤压工艺是挤压与压缩并存的过程。随着挤压道次的增加，由于挤压过程与压缩过程中应变的不可逆性使应变累积，材料发生强烈变形从而产生大量的位错和晶界的扭曲，这就为动态回复和再结晶提供了驱动力。而往复挤压每道次应变量不大，提供的驱动力不能达到完全动态再结晶所需要的驱动力，所以在往复挤压过程中，可能发生部分动态再结晶，由于反向挤压时存在短暂的停留，因此材料还可能发生部分静态再结晶，部分再结晶的交替累积最终实现完全再结晶。另外，挤压破碎的细小夹杂物也可以充当再结晶晶核，从而加快再结晶速率和阻止再结晶后晶粒的长大，有利于获得细小均匀的晶粒。

6.3.4.2　粒子细化

挤压使材料中的粒子沿轴向流动，而镦粗使材料中的粒子沿横向流动，往复挤压材料的过程与生活中“揉面”的过程相似，往复挤压塑性变形使粒子在材料中不断地混合和重新分配。晶粒和粒子碰撞、破碎、孔洞闭合，材料中粒子的尺寸逐渐变小。研究人员根据粒子形状的不同,提出了粒子细化三种可能的破碎机制:弯曲机制、短纤维加载机制和剪切机制,对于弯曲状和分枝状粒子如共晶粒子,易产生弯曲破碎。由于高的拉伸应力的转移与纵横比成比例,对于长粒子,容易发生纤维加载机制而断裂。对于等轴粒子,如果剪切应力足够大时,容易发生剪切机制而破碎成更小的粒子。在一定的挤压力、挤压比作用下,只能获得一定的极限粒子尺寸。

J. W. Yeh 等在研究往复挤压对 Al-12wt%Si 组织和性能的影响时,提出粒子细化机制,具体关系可用如下关系表示:

$$\frac{F}{T} \propto Dd^2\sigma^5\varepsilon_p \tag{6-6}$$

其中,F/T 为破碎粒子含量,D 为粒子尺寸,d 为晶粒尺寸,σ 为真应力,ε_p 为真应变。

上式表明,破碎粒子含量与粒子尺寸和晶粒大小成正比。随着往复挤压道次的增加,粒子和晶粒都变得越来越细小,破碎粒子的含量也相应地减小。这表明,粒子细化的有效性减少,更多的挤压道次将使粒子尺寸达到一个极限值。同时,上式也表明,通过增加应力和应变,也可以使破碎粒子百分含量增加,而采用大的挤压比能够同时增加应力和应变,所以,在往复挤压工艺中,采用较低的挤压温度和较高的挤压比更易获得更小的粒子极限尺寸。

6.3.4.3　变形机制

M. Richert 等人认为往复挤压过程中将形成剪切带。剪切带的交叉、增殖,导致微观组织的破碎,使其逐渐演变成等轴胞和亚晶结构。他们在研究纯铝的往复挤压时,发现在第 1 道次挤压后,在晶界上形成大量的剪切带,在亚晶界上剪切带相互交叉,这些剪切带有明显的相互成群趋势,形成更宽阔的束,沿试样中轴线 65°处轴对称分布。随着往复挤压累积应变量的增加,剪切带数目增加,导致亚晶的典型结构为平行四边形的斜棋盘状结构。他们认为,由于剪切带比基体硬,纯铝的组织中剪切带数目的增加伴随着纯铝显微硬度的增加,但剪切带存在一个饱和度,当剪切带达到饱和时,就获得了稳定的机械性能。往复挤压能够有效地细化晶粒,已经被大量实验证实。但是关于往复挤压过程中组织结构演变、细化机理、变形机制等核心问题,至今仍然不清楚。再结晶细化和剪切带细化对于解释往复挤压铸锭较合适,而粒子细化解释往复挤压粉体较合适。但是,对于往复挤压工艺的变形机制、细化机理和细化后组织的特征,还需要深入的理论分析和实验支持。

6.4 多向锻造

6.4.1 工艺原理

多向锻造(Multiple Forging,MF)是 20 世纪 90 年代由 Salishchev 等提出的对块状试样加工成形获得超细晶组织的一种新型方法。该技术的原理等同于多次锻造过程,即依次沿不同的轴向锻压材料,在变形过程中晶粒因发生动态再结晶而得到细化,其原理如图 6-10 所示。材料在锻造过程中由于不同锻造区域材料变形的不均匀性导致 MF 工艺制备的材料存在组织不均匀现象,其变形均匀性均低于等通道转角挤压变形和高压扭转的变形,然而该工艺的变形温度通常在 $0.1T_m \sim 0.5T_m$(T_m 为金属熔点)之间。由于变形温度较高,并可在工具上施加较小压力,因而此方法可用于脆性材料,并在合适的温度和应变速率条件下可获得超细晶结构。目前,多向锻造剧烈塑性变形法已用于各种金属合金以获得细化组织。

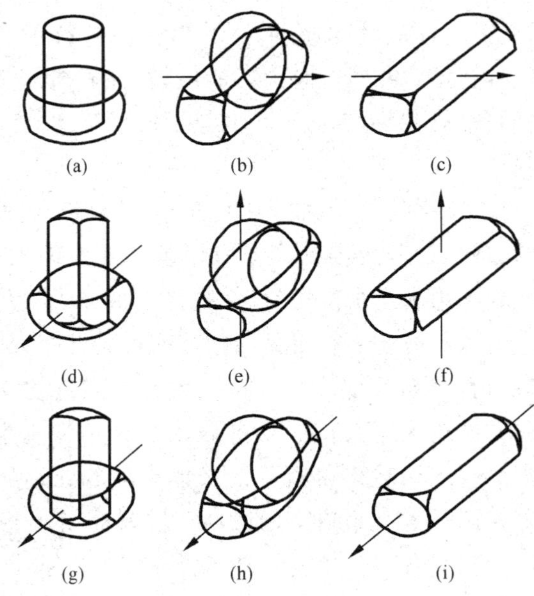

工艺一

图 6-10 多向锻造工艺示意图

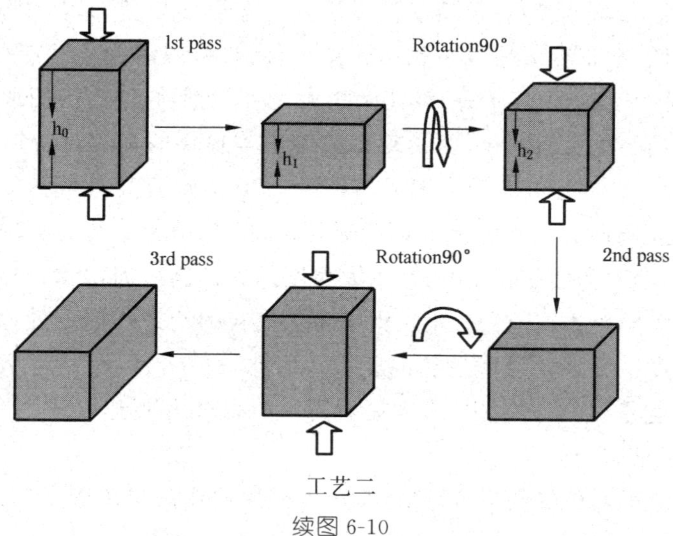

工艺二

续图 6-10

6.4.2　工艺特点

多向锻造技术是指在液压机、空气锤等设备上对块状金属材料沿不同的轴向进行反复压缩，在变形过程中合金内部由于发生动态再结晶使得晶粒显著细化的一种强塑性变形技术。不同于热压等常规的单向压缩工艺，变形过程中通过沿 $Z—r—Z$ 三个轴向不断反转，可以实现块体材料的反复镦粗与拔长，并在材料内部形成纵横交错的变形带，位错在变形带交汇处严重塞积，并通过相互作用形成位错胞，继续变形时，位错胞逐渐发展成为具有独立滑移系的亚晶粒，而通过亚晶界对位错的吸收，具有小角度晶界的亚晶粒转变为具有大角度晶界的新生晶粒，从而实现晶粒的细化。

6.4.3　影响因素

影响多向锻造组织和材料性能的因素很多，主要有：累积应变量、道次应变量、变形温度、应变速率和初始组织状态等。随着累积应变量的增加，加工软化起主导作用，流变应力降低，(亚)晶内平均位错密度逐渐降低并趋于稳定。(亚)晶粒尺寸在变形早期先迅速减小而后维持在某一范围，基本不随累积应变量变化。而应变诱发(亚)晶界平均位向差随着应变量的增加而不断增大，在大应变量下形成具有大角度晶界新晶粒，材料组织得到充分细化。

在一定范围内，道次应变量越大，材料变形中的加工软化越显著，流变应力越快达到稳态。同时增加道次应变量能有效加快材料晶粒细化进程，在相近的累积应变量下，较大道次应变量变形的材料组织具有更高的应变诱发晶界密度，新晶粒平均位向差和体积分数增大，尺寸减小。温度影响材料动态再结晶行为和晶粒细化进程，多向锻造工艺的变形温度一般低于 $0.5T_m$，由于累积的塑性变形量很大，导致动态再结晶温度下降。在可变形范围内，相同条件下的变形温度越低，动态再结晶新晶粒尺寸减小，同时组织内大角度（亚）晶界的比例增大。在同一变形温度下，应变速率越大，塑性变形时所需的变形时间减少，位错产生运动的数目增加，同时由动态再结晶等提供的软化过程缩短，塑性变形进行不充分，从而提高合金变形的临界切应力，导致流变应力增大。

Belyakov 等研究了初始组织对不锈钢材料多向锻造工艺的影响，发现在应变量相同时，随着初始晶粒度的减小，大角度晶界比例增加，达到相同比例的大角度晶界所需的累积应变量较小。由于相邻晶粒的约束作用，初始晶界成为应变诱发大角度（亚）晶界择优生长的区域。因此，晶粒初始尺寸越小，晶界处能够形成大角度晶界（亚）晶粒的有效区域所占的相对比例越大，晶粒细化过程越快，越有利于组织细化。

通过亚结晶对位错的吸收，具有小角度晶界的亚晶粒转变为具有大角度的新生晶粒，从而实现晶粒的细化。与 ECAP 和 HPT 两种技术相比，多向锻造制备的材料组织均匀性较差，其等效应变沿横截面的分布并不均匀，且由于动态再结晶的作用，部分应变被抵消，在试样芯部等效应变值一般满足 $\sum\varepsilon_N=\varepsilon_1+\varepsilon_2+\varepsilon_3+\cdots+\varepsilon_N$（$\varepsilon_N$ 为第 N 道次变形量）。然而，多向锻造的变形温度一般在 $0.1T_m \sim 0.5T_m$ 范围内，且根据样品尺寸的不同可以调节外加载荷的大小，一般为 MPa 级；此外，试样尺寸不受模具内腔限制，因此，在合适的变形温度和应变速率下，可制备具有超细晶结构的大尺寸脆性材料，并得到广泛的应用。

6.4.4 对组织性能的影响

在压下速度为 12.5 mm/s 的液压机上对 AZ80 镁合金进行多向锻造研究，结果表明：多向锻造可以制备组织均匀、平均晶粒尺寸为 1～2 μm 的细晶 AZ80 镁合金锻坯；当累积应变为 3.2 时，合金的力学性能达到最佳，其抗拉强度为 345 MPa、屈服强度为 259 MPa。晶粒的转动和取向的定向流动是多向锻造存在明显择优取向的主要原因，经过 10 道次变形后合金的晶粒取向呈现随机分布；多向锻造坯存在周向裂纹和芯部微裂纹，外加载荷的旋转变化可以改变微裂纹尖端的应力场和扩展路径，可以阻碍微裂纹的发展。在压下速度为 15 mm/s的液压机上对 SiCp/AZ91 合金进行多向锻造研究，发现多向锻造可以改变复合材料中 SiC 颗粒的分布状态，使团聚的 SiC 颗粒分散得更加均匀；多向锻造 3 道次后，材料的平均晶粒尺寸达到最小值，且力学性能最佳，然而进一步的变形导致晶粒粗化。

ZK 系列镁合金经高应变速率多向锻造后均可以获得由蜂窝状的粗大再结晶组织和岛状的细小再结晶组织组成的混合组织，如图 6-11 所示。

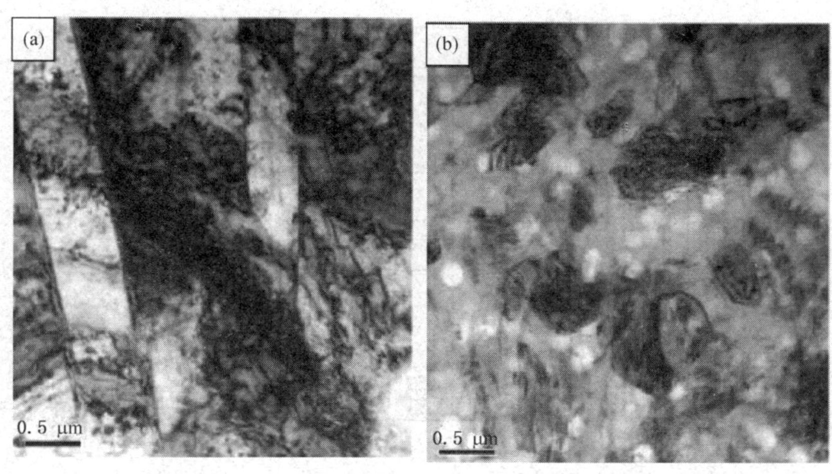

(a) 累基应变为1.32的孪晶　　(b) 累基应变为2.64的微观组织

图 6-11　不同累积应变多向锻造 ZK40 合金锭坯的 TEM 微观组织

多向锻造大塑性变形能强烈细化合金的组织，使材料力学性能得到很大提高。同时由于外加载荷轴的变化使得锻件各方向变形程度和力学性能相同，从而避免了挤压、轧制等其他常规成形工艺中通常出现的各向异性。Zherebtsov 等通过多向锻造工艺制备了具有均匀超细晶组织的大尺寸（ϕ150 mm×200 mm）Ti-6Al-4V 锻坯，力学性能优异，同时各个方向性能相当，径向和切向的强度差异在 2%以内，伸长率和断面收缩率一致（表 6-3）。

表 6-3　Ti-6Al-4V 多向锻造锻坯力学性能

取样方向	屈服强度/MPa	抗拉强度/MPa	最大伸长率/%	断面收缩率/%
径向	1 350	360	7	62
切向	1 335	1 335	7	61

张小明等研究了多向锻造对改善 7075 铝合金性能的作用（图 6-12）。由于晶粒被细化，锻件的力学性能有很大提高。退火状态的室温强度增幅较大；淬火时效状态的塑性和韧性显著提高，在保持较高强度的情况下，室温拉伸伸长率达到 18%，高于标准规定值的 2 倍，接近退火态水平。

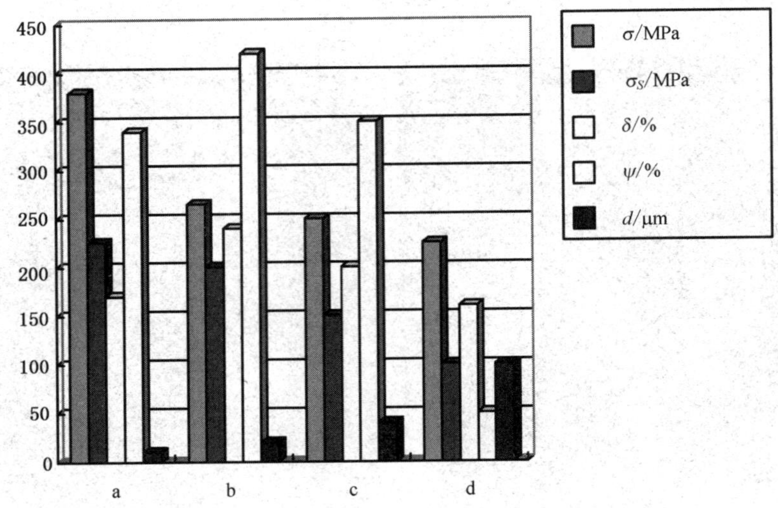

a—锻造坯料　b—390 ℃退火处理　c—450 ℃退火处理　d—ASTM标准态

图 6-12　多向热锻和退火处理对 7075 铝合金晶粒尺寸和性能的影响图示

第7章 难变形材料常用成形工艺

7.1 粉末冶金成型及粉末锻造

7.1.1 粉末冶金

粉末冶金材料是指不经熔炼和铸造，直接用几种金属粉末或金属粉末与非金属粉末，通过配制、压制成型，烧结和后处理等制成的材料。粉末冶金是金属冶金工艺与陶瓷烧结工艺的结合，它通常要经过以下几个工艺过程：

(1) 粉料制备与压制成型

常用机械粉碎、雾化、物理化学法制取粉末。制取的粉末经过筛分与混合，混料均匀并加入适当的增塑剂，再进行压制成型，粉粒间的原子通过固相扩散和机械咬合作用，使制件结合为具有一定强度的整体。压力越大则制件密度越大，强度相应增加。有时为减小压力和增加制件密度，也可采用热等静压成型的方法。

(2) 烧结

将压制成型的制件放置在采用还原性气氛的闭式炉中进行烧结，烧结温度约为基体金属熔点的 2/3～3/4 倍。由于高温下不同种类原子的扩散，粉末表面氧化物的被还原以及变形粉末的再结晶，使粉末颗粒相互结合，提高了粉末冶金制品的强度，并获得与一般合金相似的组织。经烧结后的制件中，仍然存在一些微小的孔隙，属于多孔性材料。

(3) 后处理

一般情况下，烧结好的制件能够达到所需性能，可直接使用。但有时还需进行必要的后处理。如精压处理，可提高制件的密度和尺寸形状精度；对铁基粉末冶金制件进行淬火、表面淬火等处理可改善其机械性能；为达到润滑或耐蚀目的而进行浸油或浸渍其他液态润滑剂；将低熔点金属渗入制件孔隙中去的熔渗处理，可提高制件的强度、硬度、可塑性或冲击韧性等。

粉末冶金工艺的优点：

(1) 绝大多数难熔金属及其化合物、合金和多孔材料只能用粉末冶金方法来制备。

(2) 由于粉末冶金方法能压制成最终尺寸的压坯，而不需要或很少需要随后的机械加工，故能大大节约金属，降低产品成本。用粉末冶金方法制备产品时，金属的损耗只有1%～5%，而用一般熔铸方法生产时，金属的损耗可能会达到80%。

(3) 由于粉末冶金工艺在材料生产过程中并不熔化材料，也就不怕混入由坩埚和脱氧剂等带来的杂质，而烧结一般在真空和还原气氛中进行，不怕氧化，也不会给材料任何污染，故有可能制取高纯度的材料。

(4) 粉末冶金法能保证材料成分配比的正确性和均匀性。

(5) 粉末冶金适宜于生产同一形状而数量多的产品，特别是齿轮等加工费用高的产品，用粉末冶金法制造能大大降低生产成本。

采用粉末冶金法制备微纳米材料的关键在于超细晶烧结初始粉末的制备技术、材料烧结过程中助剂的选择和烧结工艺参数控制等几个方面。

微纳米粒子的制备方法很多，可分为物理方法和化学方法。物理方法主要包括真空冷凝法、物理粉碎法、机械球磨法等；化学方法主要包括气相沉积法、沉淀法、溶胶凝胶法等。

烧结助剂是烧结过程中加入的有利于烧结致密化的少量添加剂。为了有利于提高材料的塑性，选择助剂时一般应注意几点：(1)比基体粉末软化点低；(2)粒径尺寸一般要小于等于基体粒径；(3)助剂粉体粒径应分布均匀、分散性好；(4)助剂应具有抑制基体晶粒长大的作用。

微纳米粉体主要烧结工艺有：无压烧结、热压烧结、反应烧结、热等静压烧结和放电等离子烧结等。为了有利于材料晶粒尺寸的减小和塑性的提高，应尽量选择有压工艺进行烧结。

7.1.2 粉末冶金锻造

7.1.2.1 工艺概况

粉末冷锻开始于20世纪40年代初期，美国通用汽车公司最先使用机械破碎废钢屑进行粉末冷锻研究；到20世纪60年代后期，美国首先宣布采用粉末冷锻技术成功试制了汽车后桥差速器行星齿轮，并建立了世界上第一条粉末冷锻生产线，每小时生产齿轮900个。进入20世纪70年代，粉末冷锻工艺因其技术可行和经济效益显著而受到美、德、日等国政府、工业界和学术界的广泛重视。我国于1972年开始在粉末锻造材质、塑性理论、锻造工艺和设备、锻造产品等方面进行了探索和研究，成功制造出了多种型号的粉末冷锻齿轮。20世纪80年代以后，粉末冷锻进入产业化阶段，美、德、日等国开始批量生产粉末冷锻汽车发动机零件，其中最引人关注的是粉末冷锻连杆和齿轮，我国粉末冷锻汽车行星齿轮也大量投产。

粉末热锻是将传统的粉末冶金和精密模锻技术结合起来的一种新工艺，粉

末热锻工艺如图 7-1 所示，其一次成形能够达到 98% 的相对密度，克服了传统粉末冶金零件密度低的缺点，可获得均匀细小的晶粒组织，显著提高了粉末锻件的强度和韧性，使得粉末锻件的力学性能接近、达到，甚至超过普通锻件的水平。同时它又保持了传统粉末冶金少、无切屑的工艺优点。通过合理设计预成形坯和实行少、无飞边锻造，具有成形精确、材料利用率高、锻造能量低、模具寿命高和成本低等特点，适合生产高质量、高精度、形状复杂的结构零件，是现代粉末冶金技术的重要发展方向之一。

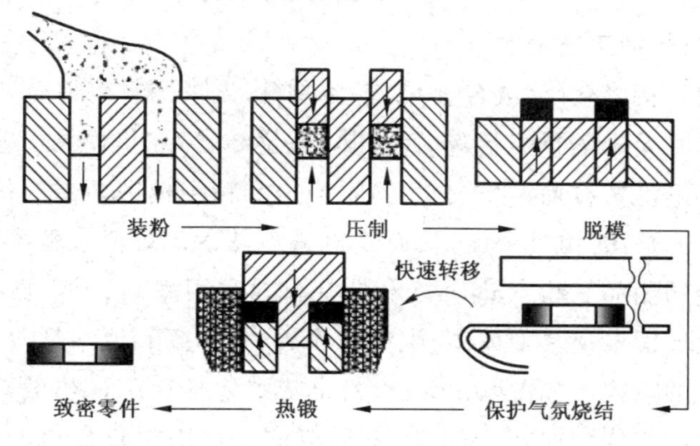

图 7-1　粉末热锻工艺

7.1.2.2　粉末热锻的原理

粉末热锻是将传统的粉末冶金和精密锻造相结合的一种新的成形工艺，其工艺实质是先将粉末冶金零件按传统工艺制成预成形坯，预成形坯形状可以和最终制品形状相近，也可以比零件形状相对简单，然后放入闭式锻模中锻造成形。与传统开式锻造不同，粉末热锻的材料利用率高，零件没有飞边，而且尺寸精度高。粉末热锻以粉末为原料，采用粉末冶金方法先制取一定形状和尺寸的多孔预成形坯，简称预型件，在保护气氛下烧结、冷却后再加热到锻造温度，很快转移到闭式热锻模中一次锻造成形，为了节省能耗，有时将烧结和锻前加热合并成一个工序。与致密材料不同，粉末烧结材料的锻造过程包括镦粗和复压两个过程，烧结体在发生塑性变形时，塑性变形与致密化同时进行，体积随着孔隙的变化而不断减小，仅质量保持不变。在镦粗过程中烧结体横向流动，粉末材料发生较大的塑性变形，大量的孔洞在剪切应力和静水压力的共同作用下沿金属流动方向被拉长、压扁，以致完全闭合。最终在复压阶段只需锻合少量的孔隙，就可以达到较好的致密效果。粉末热锻成形致密过程如图 7-2 所示。

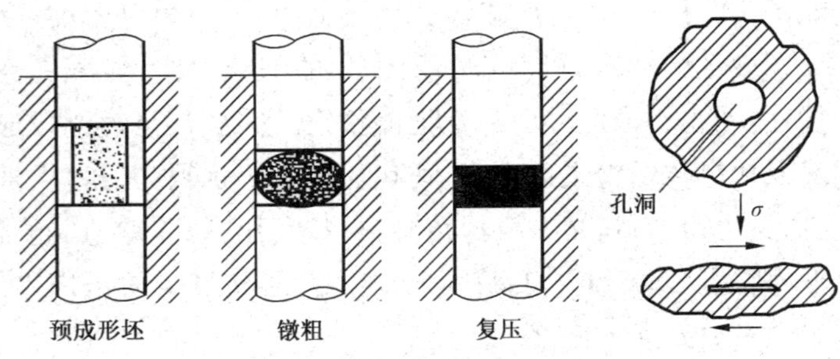

图 7-2 粉末热锻成形致密过程

7.1.2.3 粉末热锻工艺分类

粉末热锻是指以金属(或合金)粉末为原料,先采用粉末冶金方法制取具有一定形状和尺寸要求的预成形坯,经加热(或烧结)后在热模具中锻造成所要求锻件的一种成形工艺技术,它结合了粉末冶金和精密模锻两者的优点。其一次成形能够达到98%的相对密度,从而使机械零件达到近似致密零件,获得具有较高力学性能的制品。粉末热锻技术具有材料利用率高、力学性能高、锻件精度高、精加工少、锻造模具寿命高、生产工序少、效率高和成本低等优点,已经受到各工业国家的重视。如图 7-3 所示,粉末热锻包括粉末加热锻造、烧结锻造、锻造烧结三种。与烧结锻造不同,粉末加热锻造采用预合金粉、预成形坯成形后直接加热锻造成形。由于直接锻造法与烧结锻造方法相比,减少了二次加热,可节省约 15%的能源。因此,粉末热锻总的趋势是烧结锻造向直接加热锻造或烧结后冷却到所需温度直接锻造方向发展。

7.1.2.4 工艺特点

(1) 材料利用率高

粉末热锻保持了粉末冶金近净成形的优点,预形件对粉末原料的利用率可达 100%,即不留加工余量,再经无飞边、无余量的精密闭模锻造,锻件的材料利用率可达 95%以上。粉末热锻连杆和锻钢连杆材料利用率比较,锻钢连杆根据生产工艺不同,其机加工后成品连杆的材料利用率在 30%～43%之间,而机加工后的粉末热锻成品连杆的材料利用率达到了 83%以上。

(2) 机械性能高,材质均匀无各向异性,强度、韧性和塑性均较高

烧结后的预形件一次锻压后相对密度可达 98%以上,有效消除了孔隙的不利影响,且锻件内部组织均匀、晶粒细小、各向同性,具有与锻钢相当甚至超过传统锻钢的性能。

(3) 锻件精度高,可实现少或无切削加工

经定量装粉压制成形的预制坯在精密闭模中锻造,质量控制准确。锻造时加热温度较低,并在防氧化的保护气氛中进行,没有氧化皮,可获得尺寸精度高

且表面粗糙度低的锻件。高的尺寸精度可有效减少锻件的机械加工量，例如采用粉末锻造工艺生产的某型号发动机连杆其机械加工量从原锻钢连杆的 220 g 下降到 93 g，仅占成品连杆质量的 13%。

(4) 更适合于加工难变形材料，难变形材料的塑性一般较差，用粉末热锻方法可成形形状复杂的零件。

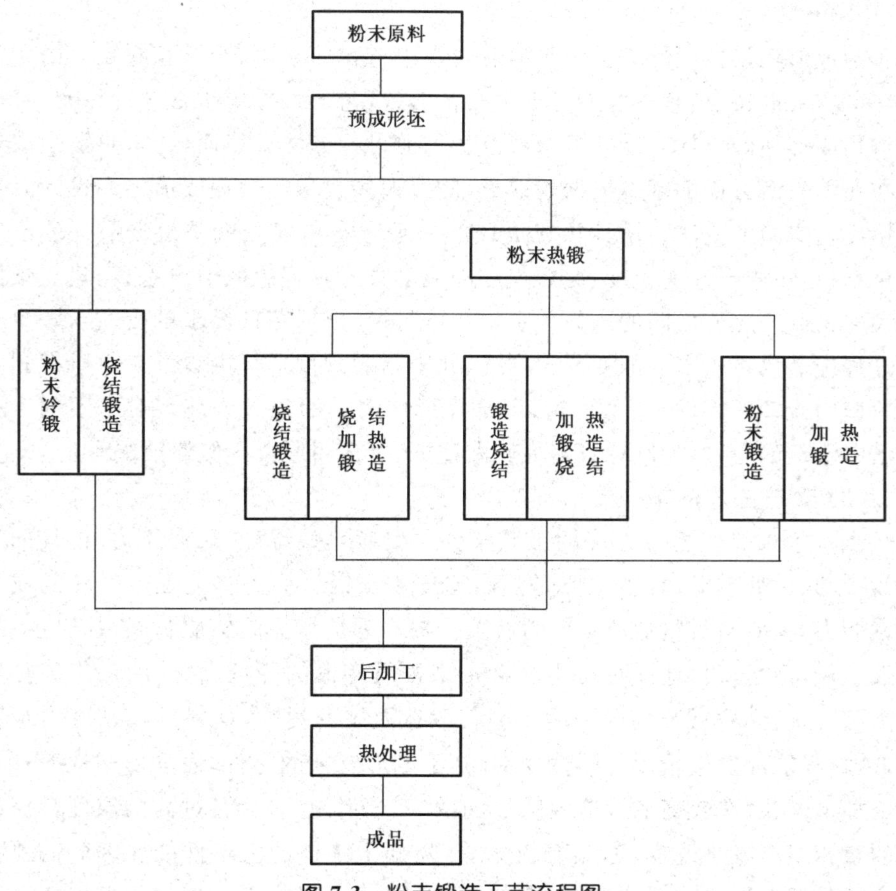

图 7-3　粉末锻造工艺流程图

7.1.2.5　粉末热锻技术的关键问题

(1) 粉末原料的选择

粉末原料的选择关系到锻件性能和成本，是粉末热锻面临的首要问题，它包括粉末化学成分的选择、粉末类型、杂质含量和粒度分布以及预合金化程度等等。国外已经研制了专用于粉末锻造的低合金钢粉和高速钢粉等特殊品种，特别是锰钼钢和铜钼钢的研究受到了专家们的重视。

由于粉末热锻材料或制品的密度已接近于材料的理论密度，粉末中的杂质对粉末锻件性能的提高影响显著。粉末原料中的杂质，主要是氧含量和氧化物形态及其分布，即使在氧化物易于还原的镍钢中，对锻件性能的影响也是很大的，含氧量为0.02%的锻件，其断裂韧性的最高值为64.5 $MPa/m^{3/2}$；而氧含量为0.1%的锻件，其锻件最高韧性只有39.6 $MPa/m^{3/2}$。氧含量还会使粉末锻钢的浮透性显著降低。因此，减少粉末中的氧化夹杂非常重要。目前采用的主要方法有雾化法、电解法等。

(2) 预成形坯的设计

预成形坯设计的好坏决定着锻造过程中材料的致密、变形和断裂。由于粉末热锻本身的特点，它在锻造过程中的变形致密行为，不同于常规的致密金属，使得预成形坯的设计不能完全照搬致密件的设计方法。然而，粉末热锻预成形坯在变形致密方面的基本数据的缺乏，使得大多数零件的预成形坯在设计时都采用反复实验的方法。设计预成形坯的一个基本出发点就是根据锻件的已知质量，确定预成形坯的密度、变形程度和流动方式。理想的情况是，先建立预成形坯的密度与应变之间的函数关系，然后就可以根据零件要求的密度求解出变形过程中需要产生多大的变形量，并以此来指导预成形坯的设计。对于有利于材料横向流动的零件，如伞齿轮，可选择形状简单的预成形坯。对于不利于材料横向流动的零件，如圆柱直齿齿轮和连杆，可选用形状相似的预成形坯。

(3) 锻造工艺条件

影响粉末热锻零件性能的工艺条件主要有热锻温度、热锻压力、模具的润滑与冷却、热处理等，其中主要是热锻温度和热锻压力。多孔预成形坯的成形致密能力，主要与材料的流动应力有关。提高锻造压力是克服材料流动应力的有效途径，但是盲目地提高压力又会带来模具寿命的降低、材料的加工硬化程度高、产品脱模后易开裂等问题。随着锻造温度的提高，材料的流动应力也会降低，材料能够发生较大的塑性变形，易于成形复杂的零件，而且由塑性变形导致的加工硬化，在较高的锻造温度下，能够部分消除。然而，过高的温度会使材料的金相组织发生改变，如晶粒粗大等，降低了零件的力学性能。因此需要找出合适的锻造温度和锻造压力，这也是研究的一个重点。在锻造初期由于孔隙的存在，材料易于变形，锻件密度随压力变化较明显。锻造后期由于孔隙的封闭，以及材料在塑性变形中累积的加工硬化，密度随锻造压力变化不明显。

7.1.3 纳米 Si_2N_2O-Si_3N_4 陶瓷齿轮的粉末冶金锻造

复杂形状的零件在烧结过程中很难实现致密的均一化，因此目前氮化硅陶瓷主要应用于轴承、端盖和航天发动机喷嘴等一些形状简单的零件，对于齿轮来说，轮齿是齿轮工作的主要部位，因此对其性能要求很高，而齿形恰恰是烧结过程中较难致密的部位，因此需要采用特殊的烧结工艺。图7-4为分别采用直接烧结和烧结锻造工艺成形的 Si_3N_4-Si_2N_2O 复相陶瓷齿轮，烧结温度为

1 600 ℃，挤压温度为 1 550 ℃。从齿形上的微小飞边能明显地看出烧结锻造成形齿轮发生了超塑性变形。图 7-5 为烧结和烧结锻造采用的齿形导向模具示意图，烧结模具的型腔尺寸略小于锻造模具的型腔尺寸。

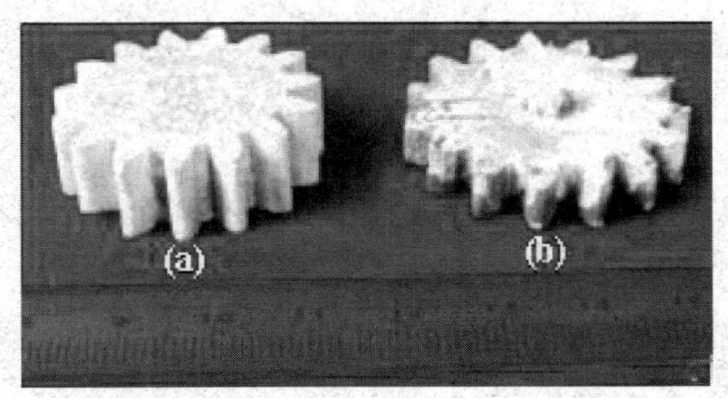

(a) 烧结成形　　(b) 烧结锻造成形

图 7-4　成形的齿轮

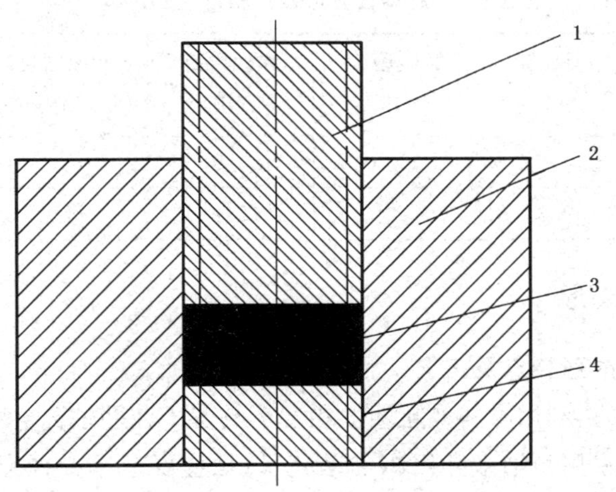

1—齿形压头　2—齿形凹模　3—锻造零件　4—齿形垫片

图 7-5　齿轮烧结锻造成形模具示意图

图 7-6 为烧结锻造后材料的微观组织，可以看出：锻造对晶粒尺寸的影响较小，但造成晶粒沿垂直于受力方向取向。表 7-1 为变形前后性能的比较，从表中可见：性能和致密度有较为明显的提高，提高幅度均超过 8%。这说明与钢铁材料一样，锻造也同样能提高粉末冶金陶瓷材料的各种力学性能，同时也能形成特定取向的组织结构，以利于提高陶瓷材料某一方向的力学性能。

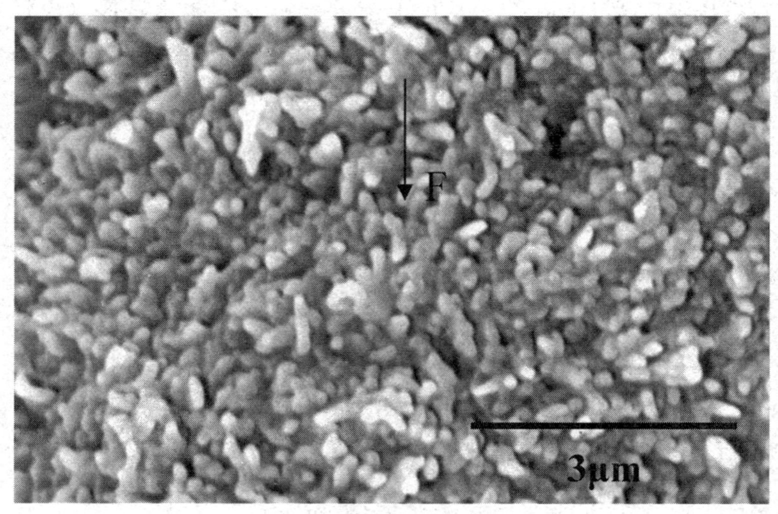

图 7-6 烧结锻造材料的微观组织

表 7-1 超塑性变形对材料性能的影响

材料	相对密度 /%	显微硬度 /GPa	弹性模量 /GPa	弯曲强度 /MPa	断裂韧性 /(MPa·$m^{1/2}$)
烧结	98.2	21.3	330	520	4.5
烧结锻造	99.3	23	360	550	4.8

7.2 超塑性成形

7.2.1 超塑性成形特点及工艺

超塑性成形是利用材料在超塑性状态下具有工艺塑性高、变形抗力低和流动性好的特点，采用微纳米晶组织的毛坯、以低应变速率在很窄的变形温度区间产生优质零件的生产工艺方法。该工艺方法特别适合于难变形材料的塑性加工技术。

超塑性成形的特点：(1) 金属塑性大为提高。过去认为不能采用塑性成形工艺成形的一些材料，采用超塑性成形技术也可进行成形，如镍基合金、陶瓷和金属间化合物等，因而扩大了可锻金属的种类。(2) 金属的变形抗力很小。一般超塑性的变形力只相当于普通塑性成形的几分之一到几十分之一，因此，可在吨位小的设备上成形出较大的制件。(3) 加工精度高。超塑性成形加工可获得尺寸精密、形状复杂、晶粒组织均匀细小的薄壁制件，其力学性能均匀一致，机械加工余量小，甚至不需切削加工即可使用。因此，超塑性成形是实现少或无切削加工和精密成形的新途径。

(1) 板料成形

其成形方法主要有真空成形法和吹塑成形法。

真空成形法有凹模法和凸模法。将超塑性板料放在模具中,并把板料和模具都加热到预定的温度,向模具内吹入压缩空气或将模具内的空气抽出形成负压,使板料贴紧在凹模或凸模上,从而获得所需形状的工件。对制件外形尺寸精度要求较高时或浅腔件成形时用凹模法,而对制件内侧尺寸精度要求较高时或深腔件成形时则用凸模法。

图 7-7 为采用凹模法气压成形板材示意图。真空成形法所需的最大气压为 105 Pa,其成形时间根据材料和形状的不同,一般只需 20～30 s。它仅适于厚度为 0.4～4 mm 的薄板零件的成形。

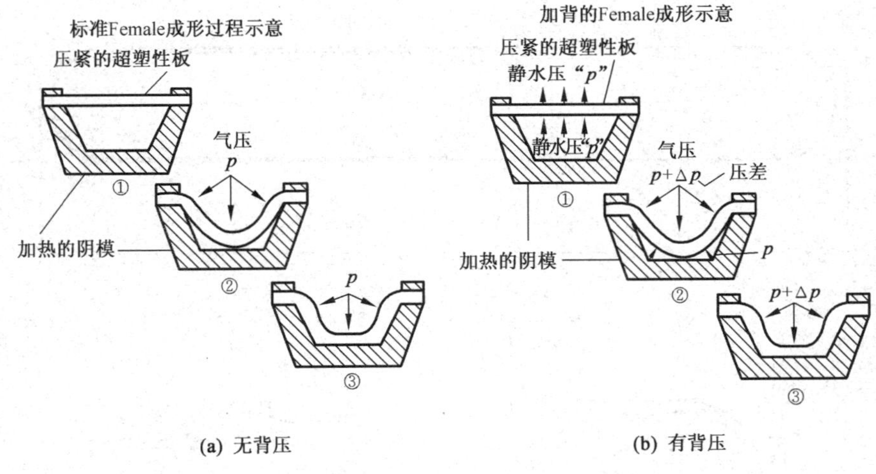

图 7-7　凹模法气压成形板材示意图

(2) 挤压和模锻

超塑性模锻高温合金和钛合金不仅可以节省原材料,降低成本,而且大幅度提高成品率。所以,超塑性模锻对那些可锻性非常差的合金的锻造加工是很有前途的一种工艺。

7.2.2　超塑性成形实例

图 7-8 为不同温度下超塑气压胀形获得的 AZ31 镁合金零件和锆基非晶合金零件。图 7-9 为火箭集合器零件图,表 7-2 给出了其制造工艺流程,图 7-10 为制造出的零件。

制造工艺流程流程:坯料制造—切割—气管—上盖—装配焊接—涂防氧化剂—装模—装机—加热—压堆料—充气—冷却—卸模—取件。

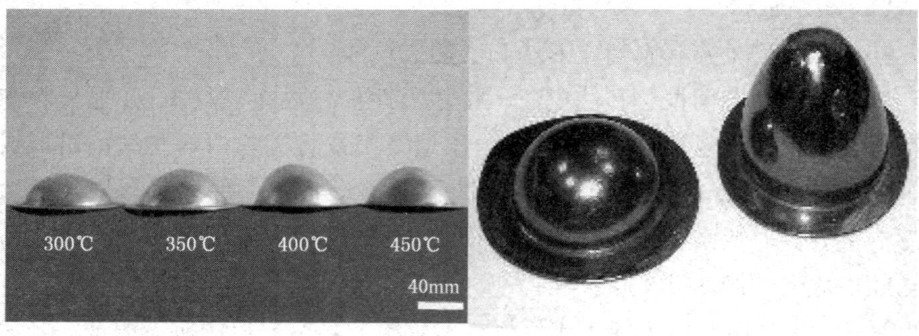

图 7-8　不同温度下超塑气压胀形获得的 AZ31 镁合金零件和锆基非晶合金零件

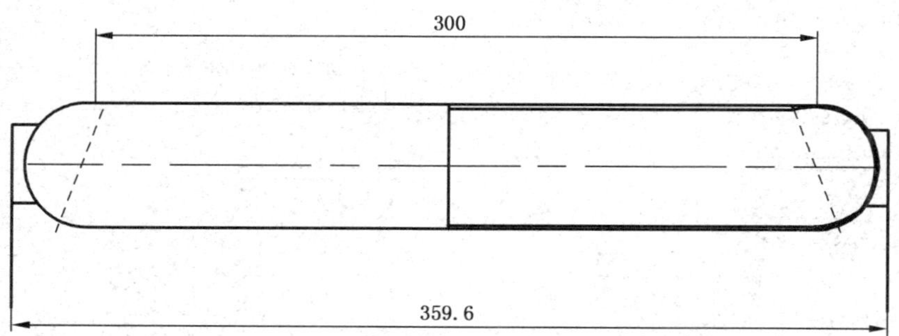

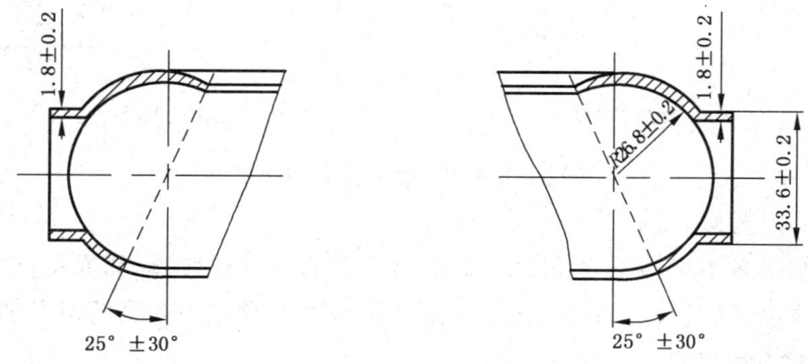

图 7-9　火箭集合器零件图

表 7-2　主要流程示意

	图示	操作说明
1. 高温合金筒形坯料		根据实验设计的方案，首先使用压力机拉深的筒形 $\phi 317\times 83\times 2$ 的预成形件

续表 7-2

	图示	操作说明
2. 坯料的再加工	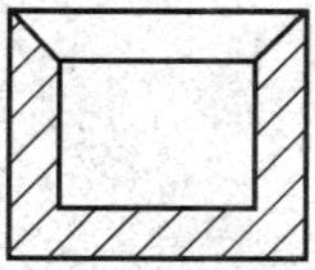	对预成形件进行车制，为 ϕ317×76×2 为了保证焊接质量，件内倒角 1×45°，以增加焊缝接触面积，提高焊缝强度
3. 上盖板的加工	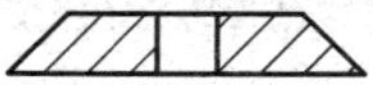	使用不锈钢 1Cr21Ni5Ti 材料切割圆形板料，板料倒角 1×45°钻通气管中心孔 ϕ9
4. 实验件的焊接装配	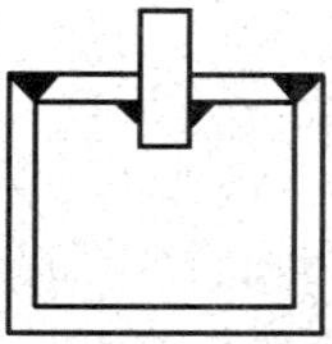	将不锈钢气管/上盖板，上盖板/筒料之间按如图顺序用氩弧焊（不锈钢焊丝）焊好
5. 实验件的装模	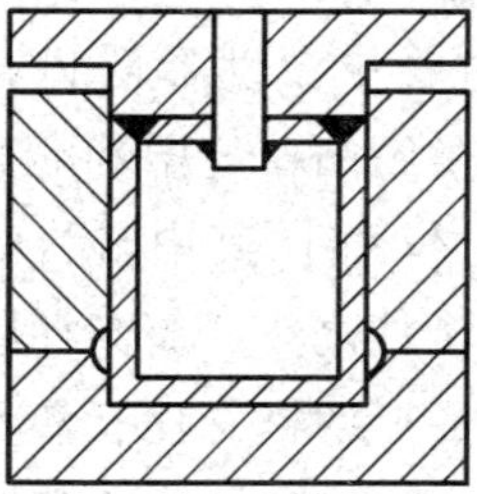	1）将气管穿入上模具中心孔，焊好气管与高压气瓶的接口； 2）将实验件涂上高温抗氧化剂； 3）将中模、下模对正，合模； 4）吊起上模，把筒件装入模腔，并使上模与中模部分合模（如图）； 5）将气管弯入槽内
6. 模具吊装进机		1）注意将模具中心对准压力机压力中心； 2）加好垫块； 3）插好电偶； 4）关炉
7. 开始加热/加压		1）记录炉腔/模具温度； 2）炉腔温度升至 400 ℃ 时开始通入冷却循环水； 3）炉腔温度升值 960 ℃ 时，调整电炉加热功率，使炉保温之模具温度为 950 ℃ ，此后再保温 1/2 h 后开始下压，合模后充气胀形。5 MPa 下保压 60 min
8. 翻边		根据计算，在鼓形处开出椭圆孔，然后进行热翻边
9. 机加		车削内孔，达到设计尺寸

图 7-10　GH4169 高温合金火箭集合器制品

7.3　等温成形

7.3.1　等温成形的概念及特点

等温成形,顾名思义就是在成形过程中模具与坯料温度保持一致并始终在一定范围内的成形工艺。等温成形是针对传统热变形的不足而逐渐发展起来的一种材料加工新工艺。等温成形方法是通过模具和坯料在变形过程中保持同一温度来实现的,从而避免了坯料在变形过程中温度降低和表面急冷的问题。等温成形与超塑性成形是不同的,典型的微细晶粒超塑性的实现有赖于晶粒细化、适当的变形温度和低应变速率三个基本条件,其中材料的初始内部组织是诱发超塑性,并使之成为持续进行的主要条件之一。超塑性状态一般只能在一个很窄的温度、速度范围内实现。而等温成形的概念比超塑性成形要广泛得多,等温成形可以在很宽的温度、速度范围内以及坯料的任意原始组织条件下进行。当然等温成形在降低材料变形抗力、提高材料塑性的效果方面不如超塑性成形那样显著。

等温成形由于克服了常规热变形过程中坯料温度变化的问题,因此具有如下一些特点:

(1) 降低材料的变形抗力。在等温成形过程时,由于坯料与模具的温度基本一致,因此坯料的变形温度不会降低,在变形速度较低的情况下,材料软化过程进行得比较充分,使材料的变形抗力降低。此外,也可以使用具有一系列优良的工艺和使用性能的玻璃润滑剂,进一步降低变形力,可选用占用空间小、节约能源的低功率设备。

(2) 提高材料的塑性流动能力。等温成形的突出特点之一是可提高材料的塑性流动能力。由于等温成形时坯料温度不会降低,而且变形速度是比较低的,从而延长了材料的变形时间,可使材料的软化过程充分进行,提高材料的塑性流动能力,并使缺陷得到愈合。这就使形状复杂、具有窄筋和薄腹制品的成

形成为可能，也为成形低塑性的难变形材料提供了有效的手段。

(3) 成形件尺寸精度高、表面质量好、组织均匀、性能优良。等温条件使模锻过程在最佳的热力规范下进行，且加工参数可以被精确控制，所以产品具有均匀一致的微观组织和优良的机械性能，并能使少切削或完全无切削加工的优质复杂零件的生产成为可能。

等温锻造即把加热到稍微高于锻造温度的坯料放入具有特定温度的模腔中，并保证锻造时模具温度基本保持恒定，使毛坯以一个较低的应变速率发生形变的锻造方法。等温锻造优点如下：可以大幅度地提高金属材料塑性；降低变形金属内部因为变形不均匀从而引起组织性能的差异，减小锻造时变形抗力，对模膛的填充十分有利；材料浪费率低；锻件力学性能均匀，尺寸较稳定；在小型设备上便可以实现较大的锻件成形，也使精锻成形复杂锻件成为一种可能；对压力机速度的要求较低(一般使用液压机)，对压力机吨位的需求比普通锻造要低，可保证锻造成形过程中坯料能够充分再结晶，预防因为再结晶不完全而在后面的热处理过程中出现晶粒长大的现象，从而提高锻件的性能。

从锻件性能的控制来说，等温锻造可以获得变形死区小甚至避免变形死区、组织均匀的锻件，图 7-11 为典型的镁合金等温锻件。变形死区是锻造中难以避免的现象，是造成锻件组织不均匀现象的重要原因。在模锻过程中，模具的致冷作用强烈影响工件与模具接触的表面，再加上摩擦力，使工件表面的低温层变形量特别低，无法破碎原有的粗大晶粒，严重影响锻件的组织均匀性。而为了减少粗晶对零件的影响，加大余量，在后续的工步中加工去除是最常用的方法，这就无法避免金属消耗量的增加，难以实现精密成形。而使用等温锻造成形，就避免了模具的致冷作用，从而可以更加精确地控制锻件组织，减小余量，实现精密成形，减少了金属消耗量。

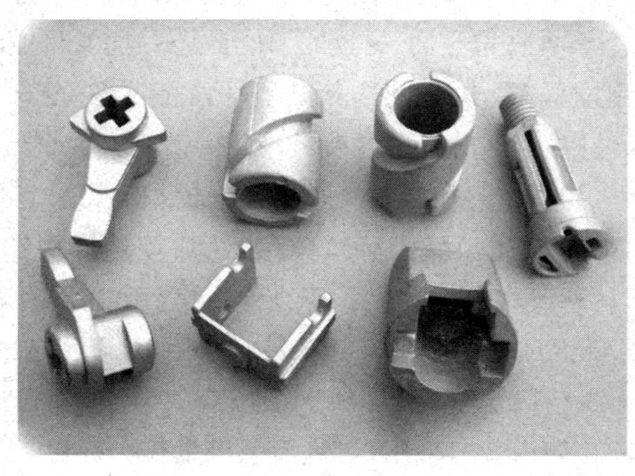

图 7-11　镁合金等温锻件

7.3.2 等温锻造模具

模具是衡量一个国家制造业水平的重要标志之一。在不少行业中，模具的费用已经占到了生产成本的30%，很多工业产品质量的改善、成本的降低以及产品更新换代的速度，在很大程度上由模具所决定，因此模具工业在各个国家受到高度重视。适用于等温锻造的模具材料应具有良好的高温机械性能、抗氧化性能、热稳定性和抗蠕变性能以及尽可能好的加工工艺性能。等温锻造模具与普通模具相比，有两个主要差异：一是模具工作在高温环境下。难变形材料的等温成形都在高温条件下进行，提高变形温度是增加难变形合金塑性的有效方法，并且还有希望达到其超塑性状态。如钛合金等温成形温度在900 ℃左右，Ni基高温合金等温成形温度多在1 000 ℃左右，而粉末高温合金以及金属间化合物的变形温度都超过1 050 ℃，甚至达到1 100 ℃以上，因此模具承受剧烈的高温热载荷，模具材料的强度比常温条件下下降很多。二是等温锻造工艺决定模具承受热载荷与机械载荷时间长。由于锻件成形缓慢，整个工艺过程需要较长时间，模具承受长时间的高压机械载荷，而且根据实际使用经验，要求在变形温度下模具材料的屈服强度极限与变形材料的屈服强度极限比应在3以上，这就要求模具材料在锻造温度范围内具有非常高的屈服强度、抗氧化、抗蠕变和良好的冷热疲劳性能。因此，与传统模具相比，等温锻造模具的使用寿命与可靠性都很低。与国外先进技术相比，国内等温锻造模具在大气环境下使用，这就更加速了该类模具的损伤破坏。因此，基于以上情况对等温锻造模具的选材、制作和使用提出了更高的要求。

等温锻造模具材料主要根据变形温度进行选择，常用的有热作模具钢、铁基高温合金，镍基高温合金以及陶瓷等。高温下等温锻造模具材料普遍选用Ni基高温合金、Ni_3Al基高温合金以及Mo基高温合金(TZM)。Ni基高温合金模具材料可以在大气下使用，其特点是高温强度高、有较好的抗氧化性和冷热疲劳性能；Ni_3Al基合金具有熔点高、密度小、比强度高、抗氧化性能好以及同样具有能在大气下使用的优点，其缺点是高温塑性指标不够，有较强的热裂倾向；TZM合金是耐温最高，但同时也是耗费最昂贵的锻模材料。但TZM合金的抗氧化性很差，必须采用真空封闭装置或采用氢气保护。另外在使用过程中要控制模具的加热速率，通常使用低频感应加热，从而使生产周期延长，因此使用TZM合金作模具材料成本很高。俄罗斯的一些专家研究利用碳-碳复合材料作为1 000 ℃以上的等温锻造模具材料，因为这类材料具有优越的高温力学性能。然而这类材料易于发生高温氧化，必须进行相应的防护，现在这类模具材料的应用尚在探索阶段。国内普遍采用Ni基高温合金作为高温下等温锻造用模具材料。

7.3.3　等温锻造实例

图 7-12 为镁合金上机匣锻件图，图 7-13 为等温成形模具结构示意图。模具采用电阻加热，在模具内部开设贯通的加热孔，电阻丝外用陶瓷管绝缘，模具外表面包覆硅酸铝纤维毡以防止散热，从而使模具与成形零件保持相同的温度。

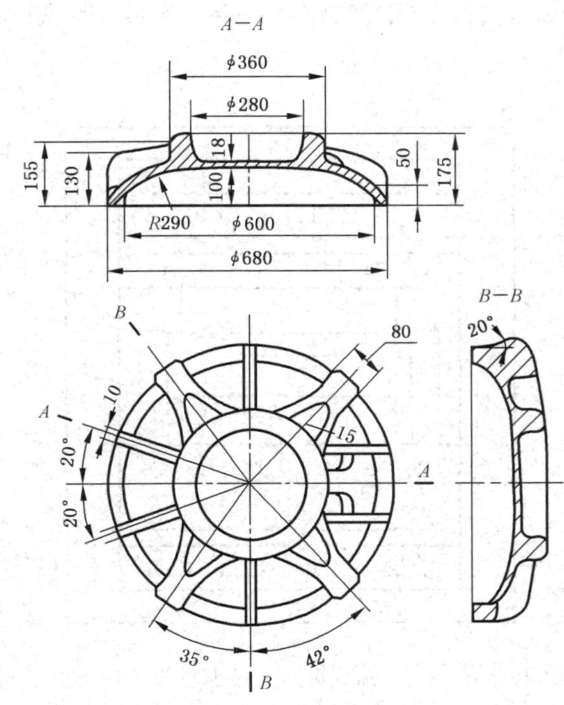

图 7-12　上机匣锻件图

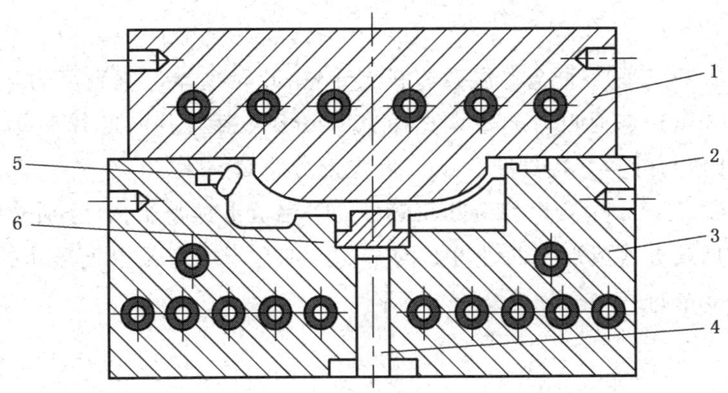

1—上模　2—模　3—加热孔　4—顶杆　5—镶块　6—顶块

图 7-13　等温成形模具结构示意图

图 7-14 为镁合金散热器的等温成形工艺模具、等温装置、压力机结构简图。采用等温精密成形的模具与毛坯一同合模后放入低温电阻炉内加热，炉内带有空气强制循环装置，可保持炉温均匀，使炉内温度差不超过±10 ℃。出炉后毛坯和模具在室温下快速放入液压机成形。液压机用镁合金等温成形实验模架，该模架固定在压机工作台上，周边围有硅酸棉保温材料，并装有热电偶温控装置，温度控制在±8 ℃之内，以平衡 AZ31 镁合金加热坯料、模具与环境交换的热量。

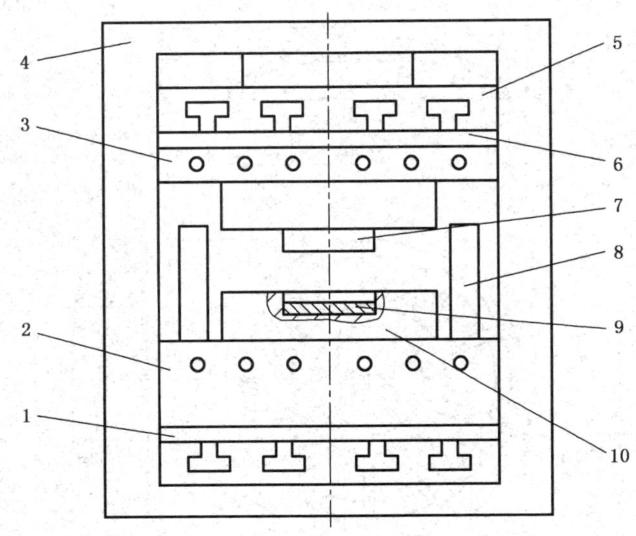

1—高压石棉板　2—下加热板　3—上加热板　4—液压机机身
5—上工作台　6—高压石棉板　7—凸模　8—保温硅酸棉板　9—镁板　10—凹模

图 7-14　等温精密成形模具、等温装置、压力机结构简图

图 7-15 为 TC11 合金等温锻造斜流叶轮，叶轮主体垂直高度为 75 mm，最小直径 142 mm(包括叶片)，最大直径 232 mm(包括叶片)，叶片形状为空间自由曲面，叶根与叶身交接处厚 5 mm，叶尖部分厚 2 mm。

图 7-16 为 TC11 合金斜流叶轮锻件的等温成形模具结构，分别采用整体加载和局部加载方式成形。两种方案的主要区别在于坯料及上模形状的不同，从而导致在变形过程中金属流动方式不同。

图 7-15　叶轮锻件

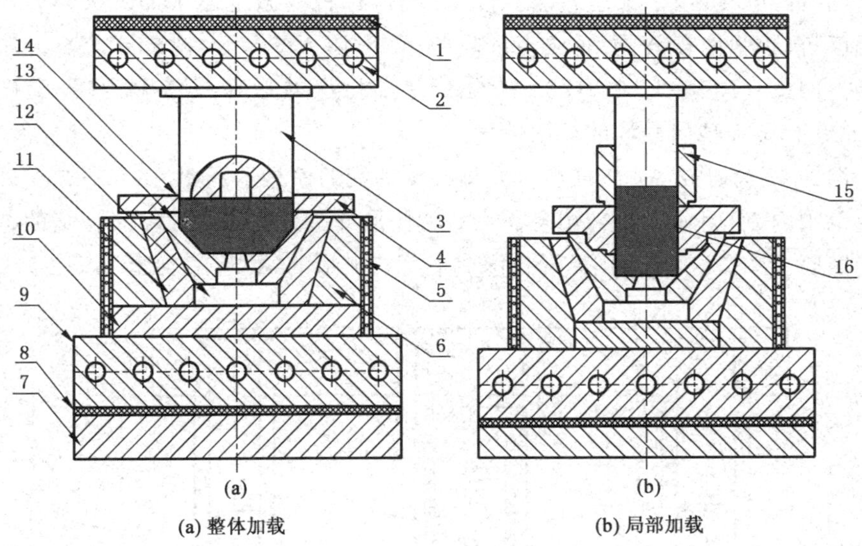

1—隔热装置　2—上加热板　3—上模　4—压板　5—加热圈　6—下模外套
7—水冷隔热板　8—保温装置　9—下加热板　10—垫板　11—下模内套
12—下冲头　13—组合镶块　14—坯料 1　15—导套　16—坯料 2

图 7-16　TC11 合金斜流叶轮锻件的等温成形模具结构

7.4　差温成形

当对难变形材料板材进行温热冲压成形时发现，若将冲头、板料和凹模一起加热至相同温度，如使镁合金具有良好塑性性能的温度（一般高于 150℃）进行拉深，即采用等温拉深工艺，在进行较大拉深比（大于 2.0）的拉深时，在拉深的中间阶段板料就在冲头圆角处断裂。

为了克服难变形材料等温拉深性能差的问题，提出差温拉深成形工艺。差温成形技术最广泛应用于镁合金板材和铝合金板材成形，目前差温成形的方法有多种，主要有：(1)常温下拉深的周边退火法，通过退火使加工硬化的坯料其周边部分软化，减小凸缘抗力；(2)高温下拉深加工的感应加热法，快速加热凸缘部分；(3)加热—冷却法，一边加热凸缘部分，一边充分冷却凸模头部，用此法拉深铝材，极限拉深比提高到 4.0 以上；(4)冷却凸模，仅在凸缘部分和凸模部分产生温度差，提高材料的拉深性能。

最常用的是对冲头和凹模分别加热控温，使冲头温度低于板料温度，进行镁合金的拉深成形。由 AZ31 镁合金在不同温度下的单向拉伸特征可知，随着温度的升高，塑性变形能力显著增强，拉深性能明显改善；但与此同时，AZ31 镁合金的抗拉强度却随着温度的升高明显降低，若板料温度过高将导致凹模入口板料的抗拉强度(由于采用差温拉深，凹模入口板料温度高于冲头圆角处板料的温度，抗拉强度较低，因而成为危险截面)严重下降，就会降低镁合金的拉深性能。因此，应存在一个 AZ31 镁合金差温拉深的最佳板料温度，该温度下 AZ31 镁合金表现出最佳的拉深性能。

图 7-17 为研究 AZ31 镁合金差温拉深性能的模具示意图，在 20～250 ℃的温度范围内，使用独立加热并控温的平底杯形冲头进行了 AZ31 镁合金的差温拉深实验。图 7-18 为采用差温拉深成形工艺成形的 AZ31 镁合金制品。

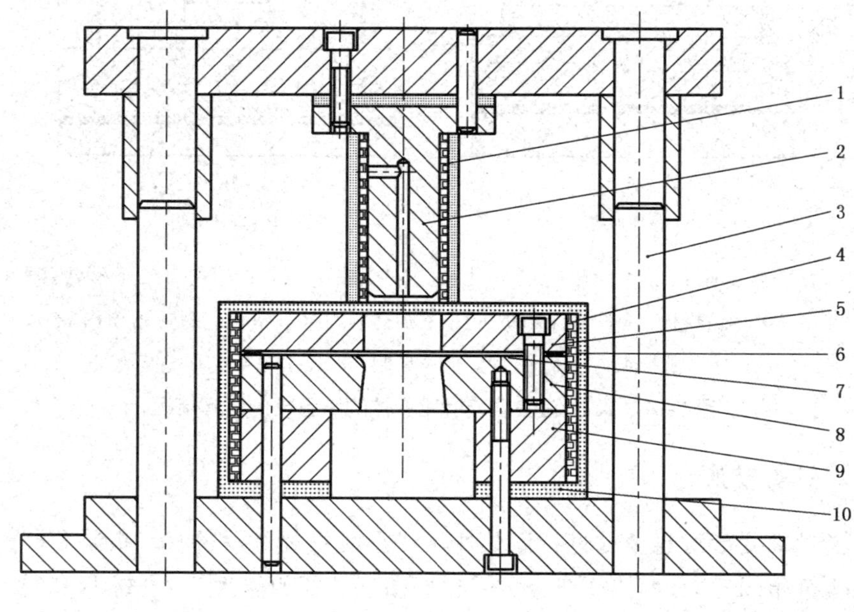

1—电加热元件Ⅰ　2—冲头　3—导柱　4—电加热元件Ⅱ　5—压边圈
6—间隙垫块　7—板料　8—凹模　9—垫板　10—隔热层

图 7-17　AZ31 镁合金差温拉深实验模具图

(a) PT<50 ℃　　(b) 50 ℃≤PT≤90 ℃　　(c) PT>90 ℃

图 7-18　不同冲头温度(PT)下的拉深实验结果（板料温度 T=200 ℃）

7.5　强力旋压成形

7.5.1　强力旋压的概念及特点

高强铝合金、钛合金、高温合金等比强度高的难变形材料薄壁筒形件是航空、航天和兵器等领域广泛应用的高强、轻量化结构件。如鱼雷外壳、发动机喷管、火箭壳体等零件的需求越来越大，迫切需要发展此类零件的精密加工技术。强力旋压成形技术能有效地减小零件的设计壁厚、减轻重量、提高疲劳性能等，已成为制造此类筒形件最有效的工艺方法之一。

强力旋压成形主要是为了实现材料厚度的减薄，所以强力旋压也称为变薄旋压。对比强力旋压和普通旋压两种成形工艺，主要有以下不同点：一是强旋成形时其旋轮的成形力要比普通旋压大；二是旋压毛坯材料的变形情况不相同，在普旋过程中，坯料厚度基本不变，但直径变化较大，缩径时由大变小，扩径时由小变大。强旋成形时，锥形件强旋坯料外径基本保持不变，筒形件强旋直径的变化主要是由于壁厚减薄和扩径或缩径导致的，但厚度变化很大，其成形原理如图 7-19 所示。

分析强力旋压的应力状态，强力旋压成形时其变形区材料受二向或三向压应力，其应力状态有利于塑性成形，可进行较大程度的变形。根据金属变形规律、旋压毛坯类型及旋压产品类型的差异，强力旋压可分为锥形件强力旋压（如图 7-19(a)所示）和筒形件强力旋压（如图 7-19(b)所示）两种。锥形件强力旋压主要用于加工曲母线形、锥形、球形等零件。筒形件强力旋压主要用于直筒形件的加工。

成形复杂零件时，可采用多种旋压工艺复合成形，采用剪切强旋预成形毛坯，然后采用普旋进行终成形，是成形曲母线零件较为常用的复合工艺方法。强力旋压时，金属材料在旋压过程中变形类似于轧制变形，旋压制品的性能相对于毛坯有所提高，因此在某些工程领域，强力旋压工艺比普通的机加工工艺具有更广阔的应用前景，在提高材料利用率的同时，使得工件的强度提高。如果旋压毛坯局部有微小缺陷，强力旋压会将缺陷放大，使坯料检测时难以发现的微小缺陷更明显，从这个角度来说，强力旋压零件材料的内部质量更可靠。

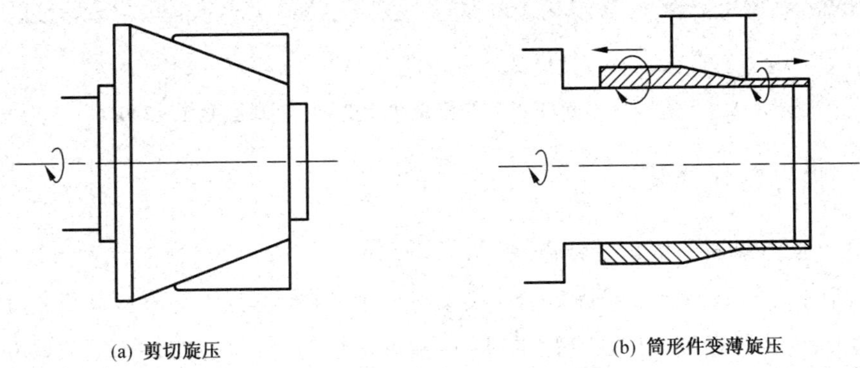

(a) 剪切旋压　　(b) 筒形件变薄旋压

图 7-19　强力旋压示意图

剪切旋压也称锥形变薄旋压，旋压成形时毛坯的外径不发生改变，厚度减薄，主要用于锥形轴对称薄壁壳体的旋压成形。旋压过程中毛坯的壁厚减薄应遵循正弦律，正弦律的理论计算公式为：$T_0=\frac{T_1}{\sin\sigma_1}=\frac{T_2}{\sin\sigma_2}$。根据旋后工件实际壁厚 T_{11} 与理论值 T_1 的大小，剪切旋压又分为负偏离旋压（$T_{11}>T_1$）和正偏离旋压（$T_{11}<T_1$）两种旋压方式。同样的材料和同样的减薄率，剪切强旋的旋压力较对于筒形件强旋来说要小一些，当旋压工艺合理时，材料在成形过程中流动流畅，旋压制皮表面质量、尺寸精度和形状精度较高，也能较容易地成形对于拉深旋压来说难以成形的部分旋压材料。

采用强力旋压工艺成形长筒形件能够解决机加工时刚度差的问题，所以强力旋压工艺广泛应用于长筒形薄壁壳体的加工，其产品的壁厚精度和形状精度优于机加工产品的精度。根据旋轮进给方向和材料流动方向是否一致，筒形件强力旋压分为正旋和反旋，均遵循材料体积不变的原则，图 7-20 为正旋和反旋两种旋压工艺，旋轮进给方向与材料流动方向一致的为正旋，旋轮从固定端开始旋压，往自由端方向进给，如图 7-20(a)所示；材料的流动方向与旋轮的移动方向相反的为反旋，旋轮从自由端开始旋压，往固定端开始进给，如图 7-20(b)所示。

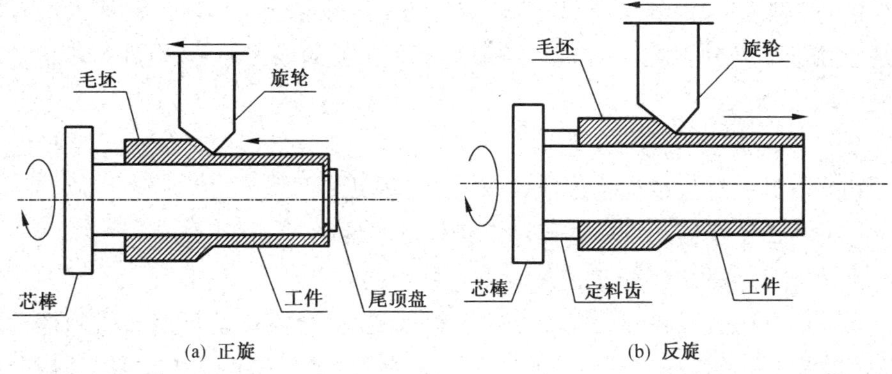

图 7-20　流动旋压方式

7.5.2　内旋压

所谓内旋压是将位于外模和内旋轮之间的圆环形坯料旋制成带有整体内环向加强筋的薄壁筒形件的旋压工艺方法。在旋压成形过程中，旋压模套在坯料之外，旋轮在坯料之内，其成形原理图如图 7-21 所示。

内旋压成形工艺在制造带环向内加强筋曲母线薄壁壳体时有较大优势，可提高该类零件的成形精度，同时还可以降低制造成本，提高生产效率。但由于是旋轮在工件的内部进行轴向和径向进给，零件的加工范围受到一定的限制，零件的内径必须大于旋轮以及旋轮臂的尺寸才行，该工艺方法适用于旋压大型带内加强筋的轴对称筒形或异形件。大型带内加强筋异形薄壁筒形件的旋压成形工艺是普旋与强旋相结合的复合成形工艺，采用内旋压工艺进行成形加工，可以成形出外表面质量高的薄壁制品。

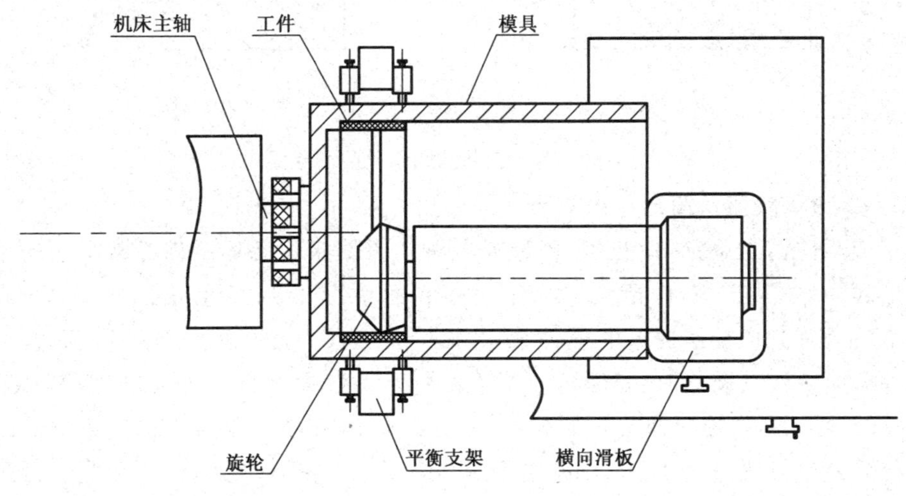

图 7-21　内旋原理示意图

曲母线形零件内旋压，根据毛坯固定方式和起旋点的不同，有从大端起旋和从小端起旋两种工艺。图 7-22 给出了两种工艺的成形原理示意图，显示了两者的不同之处。

从小端起旋的内旋压工艺具有以下特点：

(1) 模具的直径在旋轮进给方向上越来越大；

(2) 零件贴模后还可以进行一定减薄量的旋压。

从大端起旋的内旋压工艺具有以下特点：

(1) 模具的直径在旋轮进给方向上越来越小，材料流动可能会受到模具的限制，如果零件旋压时在长度方向上有一定伸长，轴向的正常流动受阻时，会产生反旋；

(2) 零件贴模后不能再进行有减薄量的旋压。

除了采用强旋工艺成形高精度筒形件外，现在应用旋压工艺成形的产品有：封头、车轮、气瓶、皮带轮、波纹管和异形壳体等。

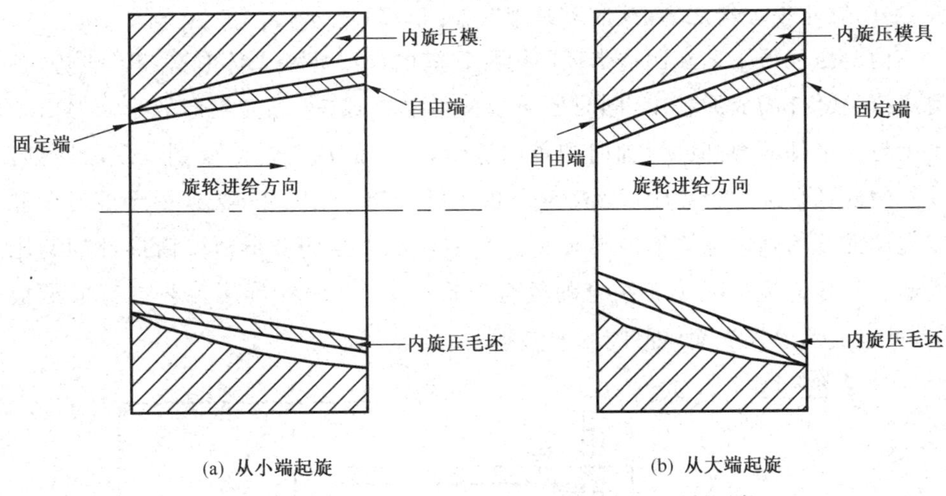

(a) 从小端起旋 (b) 从大端起旋

图 7-22 两种工艺的成形原理示意图

7.5.3 曲母线薄壁筒形件内旋压

带环向内加强筋、曲母线、薄壁是各种航天回转型舱体零件经常采用的结构形式，是在保证零件刚度、强度不降低的情况下减轻重量的首选结构。图 7-23为强力内旋压成形的模具结构，图 7-24 为成形的制品，其结构复杂，其内外型面一般以椭球形、曲母线形等复杂曲面为主，带环向内加强筋，壁厚一般在1.2～4 mm，壁厚公差带一般为 0.1～0.2 mm，直径一般为 ϕ300～600 mm，直径公差带一般为 0.3～0.4 mm。该结构带来了零件加工难度大、成品率低等问题。

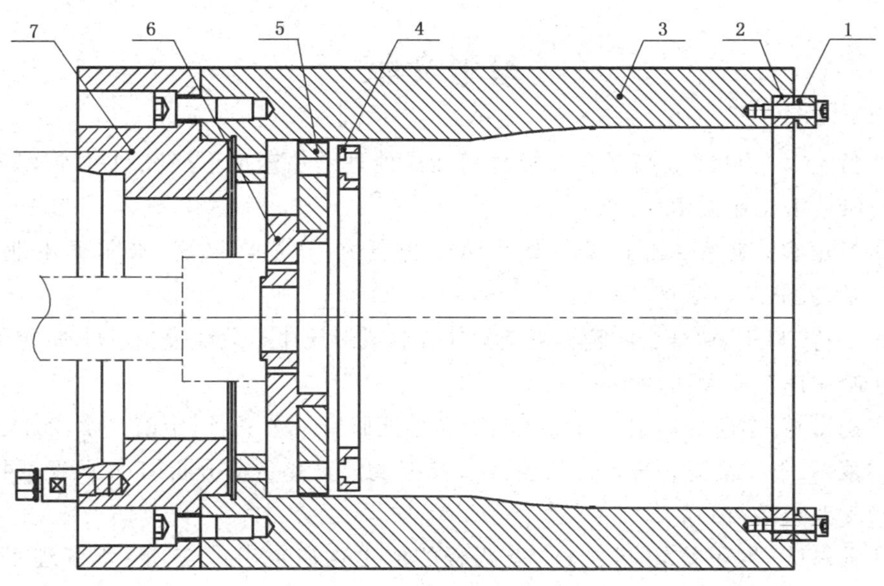

1—压料环 1　2—卸料环 1　3—模具　4—压料环 2
5—卸料环 2　6—尾顶盘　7—连接体

图 7-23　强力内旋压成形模具

图 7-24　强力内旋压典型制品

参考文献

[1] 吕宏军. GH4169 高温合金板材超细晶处理及超塑成形研究[D]. 哈尔滨：哈尔滨工业大学，2005.

[2] 尹德良. 细晶 AZ31 镁合金变形行为研究[D]. 哈尔滨：哈尔滨工业大学，2005.

[3] 史科. TC11 钛合金叶轮类复杂构件等温成形规律与数值模拟[D]. 哈尔滨：哈尔滨工业大学，2008.

[4] 刘东亮. 多向锻造铝合金组织与力学性能研究[D]. 长沙：中南大学，2014.

[5] 蔡军. 粉末高温合金盘件等温锻造模拟及模具热负荷分析[D]. 西安：西北工业大学，2007.

[6] 孙风蔚. 累积叠轧焊 AA1070 铝板的成形性研究[D]. 广州：华南理工大学，2010.

[7] 詹美燕，李春明，张卫文. 累积叠轧焊 AZ31 镁合金微观组织和织构演变的 EBSD 研究[J]. 金属学报，2012，48(6)：709-716.

[8] 刘崇宇. 累积叠轧焊法制备铝基复合材料的研究[D]. 秦皇岛：燕山大学，2013.

[9] 吴永泉，杨开怀，彭开萍. 模压变形法的研究现状[J]. 热加工工艺，2010，39(1)：13-16.

[10] 陈勇军. 往复挤压镁合金的组织结构与力学性能研究[D]. 上海：上海交通大学，2007.

[11] 张陆军. 往复挤压制备超细晶 AZ61 镁合金的研究[D]. 上海：上海交通大学，2007.

[12] 杨开怀，彭开萍，陈文哲. 限制模压变形 1060 纯铝的组织演化与晶粒细化[J]. 中国有色金属学报，2012，21(12)：3026-3032.

[13] 杨开怀，彭开萍，陈文哲. 限制模压变形均匀性研究与定量表征[J]. 塑性工程学报，2010，17(4)：8-12.

[14] 马春晖. GH4169 高温合金高压扭转超细晶工艺及有限元模拟[D]. 秦皇岛：燕山大学，2016.

[15] 陈其玲. 粉末热锻零件性能影响因素研究[D]. 合肥：合肥工业大学，2016.

[16] 郭彪，葛昌纯，张随财. 粉末锻造技术与应用进展[J]. 粉末冶金工业，2011，21(3)：45-51.

[17] 骆俊廷.非晶纳米氮化硅陶瓷粉体液相烧结复相陶瓷的微观组织与性能[D].哈尔滨:哈尔滨工业大学,2005.

[18] 马春晖.GH4169 高温合金高压扭转超细晶工艺及有限元模拟[D].秦皇岛:燕山大学,2016.

[19] 顾勇飞,骆俊廷,温雅丽,等.纳米 Si_2N_2O-Sialon 陶瓷齿轮超塑性锻造研究[J].中国机械工程,2012,23(13):1620-1628.

[20] 刘永康.GH4169 高温合金热锻-冷轧细晶工艺及性能研究[D].秦皇岛:燕山大学,2016.

[21] 骆俊廷,刘永康,张春祥,等.一种超细晶 GH4169 高温合金板材的制备方法[P].ZL.201410410373.6.

[22] 骆俊廷,陈艺敏,尹宗美,等.TA15 钛合金热变形应力应变曲线及本构模型[J].稀有金属材料与工程,2017(2):399-405.

[23] LUO Junting, LIU Riping. Effect of Additives on the Sintering of Amorphous Nano-sized Silicon[J]. Journal of Wuhan University of Technology (Materials Science Edition), 2009,24(4):537-539.

[24] 闫博,焦四海,张殿华.半连续等通道挤压过程的力学分析与模拟[J].材料与冶金学报,2016,15(1):66-70.

[25] Luo Junting, Zhao Shuangjing, Zhang Chunxiang. Casting cold extrusion of Al/Cu clad composite by copper tubes with different sketch sections [J]. J. Cent. South Univ, 2012,19(4):882-886.

[26] 邹章雄,项金钟,许思勇.Hall-Petch 关系的理论推导及其适用范围讨论[J].物理测试,2012,30(6):13-17.

[27] 董明慧.奥氏体不锈钢层错能的理论研究[D].太原:太原理工大学,2011.

[28] Shadabrooa M S, Eivania, A R, Jafariana H R, et al. Optimization of interpass annealing for a minimum recrystallized grainsize and further grain refinement towards nanostructured AA6063 during equal channel angular pressing[J]. Materials Characterization, 2016(112):160-168.

[29] 康志新,彭勇辉,赖晓明,等.剧塑性变形制备超细晶/纳米晶结构金属材料的研究现状和应用展望[J].中国有色金属学报,2010,20(4):587-598.

[30] 骆俊廷.一种电场辅助高压扭转装置及高压扭转方法[P].ZL.201710251146.7.

[31] Wang Zhenjie, Ma Shicheng. Analysis of thin-walled shells with inner ribs formed by inner spinning technology[J]. Materials Research Innovations, 2015,19 (5):101-105.

[32] Zhang Chunxiang, Wang Limin, Liu Riping, et al. ZrTiAlV alloy grain refining under high-pressure torsion and electric field-assisted heat treatment [J]. Materials Characterization, 2017(127): 231-238.

[33] Zhang Chunxiang, Wang Limin, Liu Riping, et al. Microstructure evolution and me chanical properties of 47Zr-45Ti-5Al-3V alloy processed by electric field-assisted extrusion[J]. Journal of Materials Research, 2016, 31(22): 3580-3587.

[34] 骆俊廷,张春祥,刘日平,等. 一种 ZrTiAlV 合金高压旋扭-电场辅助热处理细晶方法[P]. ZL. 2015107312831.

[35] 骆俊廷,郝增亮,林启皓,等. 一种板材环波反复拉延强变形模具及工艺[P]. ZL. 2016110779707.

[36] Luo Junting, Yu Wenlu, Xi Chenyang, et al. Preparation of ultrafine-grained GH4169 superalloy by high-pressuretorsion and analysis of grain refinement mechanism[J]. Journal of Alloys and Compounds. 2019(777): 157-164.

[37] Jia Jianbo, Xu Yan, Yang Yue, et al. Microstructure evolution of an AZ91D magnesium alloy subjected to intense plastic straining[J]. Journal of Alloys and Compounds, 2017(721): 347-362.

[38] Xu Yan, Chen Chen, Jia Jianbo, et al. Constitutive behavior of a SIMA processed magnesium alloy by employing repetitive upsetting-extrusion (RUE)[J]. Journal of Alloys and Compounds. 2018, 748: 694-705.

[39] Luo Junting, Xi Chenyang, Gu Yongfei, et al. Superplastic Forging for Sialon-based Nanocomposite at Ultralow Temperature in the Electric Field[J]. Scientific Reports, 2019(9): 1-6.

[40] Luo Junting, Chu Ruihua, Yu Wenlu, et al. Fine-Grained Processing and Electron Backs catter Diffraction(EBSD) Analysis of Cold-Rolled Inconel 617[J]. Journal of Alloys and Compounds, 2019(799): 302-313.